"负担"情绪管理法

应 溪◎编著

YNK 云南科技出版社

·昆明·

图书在版编目（CIP）数据

"0负担"情绪管理法 / 应溪编著. -- 昆明 : 云南
科技出版社, 2025. 4. -- ISBN 978-7-5587-6299-4

Ⅰ. B842.6-49

中国国家版本馆CIP数据核字第202564AP80号

"0负担" 情绪管理法

"0 FUDAN"QINGXU GUANLIFA

应　溪　编著

责任编辑：黄文元

特约编辑：风　丽

封面设计：李东杰

责任校对：孙玮贤

责任印制：蒋丽芬

书　　　号：ISBN 978-7-5587-6299-4

印　　　刷：三河市南阳印刷有限公司

开　　　本：710mm×1000mm　1/ 16

印　　　张：11

字　　　数：110千字

版　　　次：2025年4月第1版

印　　　次：2025年4月第1次印刷

定　　　价：59.00元

出版发行：云南科技出版社

地　　　址：昆明市环城西路609号

电　　　话：0871-64192481

前　言

在现代社会，我们每天都面临着各种压力与挑战，生活节奏的加快、工作任务的繁重、家庭责任的繁杂，甚至是人际关系中的微妙变化，都可能让我们感到情绪波动难以控制。愤怒、焦虑、抑郁、紧张等情绪如同突如其来的暴风雨，常常让我们措手不及，甚至影响到我们的健康与幸福。

然而，情绪并非我们的敌人，它们是内心深处的一部分，是对外界刺激的自然反应。问题的关键不在于情绪的产生，而在于我们如何管理和调节这些情绪，使它们成为我们内在智慧的体现，而不是生活中的绊脚石。

《"0 负担"情绪管理法》正是为了解决这一问题而诞生。它并不是一种复杂的理论体系，也不是一门高深的心理学课程，而是一本实用、简洁，易于操作的指南，旨在帮助每一个读者轻松掌握管理情绪的技巧和方法，从而提升生活质量、增强情感智慧，达到身心和谐的状态。书中的"0 负担"不仅仅是一个情绪管理的目标，更是一种生活哲学，它教导我们在面对情绪波动时，不必沉溺于负面情绪中，而是以轻松、无压力的方式去接纳、调节并释放它们。

情绪管理的核心，不是压抑和否定自己的感受，而是学会以一种更加开放、包容的心态去面对它们。在《"0 负担"情绪管理法》

中，我们将探讨如何通过简单而有效的技巧，逐步消除那些使我们焦虑和烦恼的负面情绪，学会与情绪和谐共处。

本书从多个维度和角度，帮助你了解情绪的本质与来源，并提供一系列简单易行的技巧，教你如何在情绪出现时进行有效的调节。例如，如何通过呼吸和冥想让自己在愤怒来袭时迅速平静下来；如何通过换位思考和情绪表达，让自己在压力巨大的环境中释放焦虑；如何通过正念训练和自我反思，帮助自己在负面情绪中找到成长的机会。

在此，我们希望通过《"0负担"情绪管理法》这本书，帮助每一位读者重新认识情绪，走出情绪管理的迷茫与困惑，轻松掌握应对各种情绪波动的技巧与策略，使情绪不再成为生活的负担，而成为通向内心平静与幸福的桥梁。

风丽

目 录

○ **第三章　情绪表达：说出你的感受**

○ **第四章　情绪调节：掌握自己的情绪舵**

第一章

情绪的起源：

认识你的内心小宇宙

情绪是什么?简单了解情绪的定义

在日常生活中,我们经常会面临各种各样的情绪。比如,当你早上起床时,发现阳光明媚,心情便格外愉快;而当你急匆匆地赶到公司,却发现电梯坏了,只能爬楼梯,这时你可能就会感到烦躁。

情绪是一个多维度的心理现象,它包含了四个关键要素:

1. 认知评价:当一个人面对某种情境时,会自动或有意地对其进行评估。这种评估可以判断该情境对自己是有利(引发积极情绪)还是有害(引发消极情绪)的。

2. 生理唤醒:情绪的发生伴随着一系列生理变化,如心率加快、血压升高、肌肉紧张等,这些变化是为了让身体做好应对紧急状况的准备。

3. 主观体验:每种情绪都伴随着独特的内心感受,如快乐、悲伤、愤怒等。

4. 行为反应:情绪不仅仅停留在内心,它还会驱动个体采取某些行为。这些行为既可以是外显的,如哭泣、微笑、攻击等,也可以是内隐的,如改变思考模式、制定行动计划等。

案例分析

今天是小林所在的项目组开会的日子。会议开始时，气氛还算融洽，大家讨论着项目的进展。然而，当讨论到一个关键决策时，小林认为应该采用一种更为激进的方法，以抓住市场的新机遇；而同事则坚持保守策略，认为稳妥的做法更能保证项目的成功。

起初，小林试图用数据和逻辑说服同事，但对方坚持己见，这让小林感到自己的观点没有得到足够的重视，小林的情绪逐渐变得焦躁。他开始提高嗓门，语气变得尖锐，甚至指责同事不够专业，质疑对方的能力。其他同事试图缓和气氛，提出折中的方案，但小林的情绪已经失控，他无法冷静下来，继续大声争论。

会议的气氛变得异常紧张，原本友好的讨论变成了激烈的争吵。其他同事面面相觑，感到十分尴尬。有人试图打断小林，提醒他注意言辞，但小林似乎听不进去任何建议，依然固执地坚持自己的观点，并且言语愈发激烈。有人开始低头看手机，避免直接参与这场争执。

会议最终不欢而散，小林的激烈言辞不仅没有说服任何人，反而导致团队内部出现裂痕。上司对这次会议的结果表示失望，并在会议结束后单独留下小林，提醒他要学会控制自己的情绪，否则将严重影响团队的合作氛围。

现在，我们对小林的故事进行分析。小林在面对不同意见时，没能及时察觉到自己内心的"小火山"正在冒烟，使得原本的小烦躁慢慢地变成了难以控制的情绪大爆发，这说明他在察觉自己情绪变化方面有点迟钝。而当情绪开始"升温"时，他又没有采取任何"降温"措施，而是直接把"火气"开到了最大档，任情绪像野马一样横冲直撞，最终导致和同事互相"扔砖头"的局面，不但让双方的沟通关系降至冰点，还影响了团队的和谐氛围，且受到了领导的批评。

从小林的故事中可以看出，情绪管理不仅关乎个人的心理健康，还直接影响到人际关系和工作表现。接下来，让我们来看看情绪管理的重要性及其在各个方面的具体作用。

1. 个人内在世界的维护者

一个人如果缺乏情绪管理，则容易受到外界环境的影响，小到交通堵塞，大到工作失误，都会引起情绪的大起大落，且会感到焦虑、烦躁，甚至是沮丧，难以专注于手头的事情。

而具备良好情绪管理能力的人，则能够在遇到类似问题时迅速调整心态，用更积极的角度看待问题。比如，遇到交通堵塞时，可以选择听一段喜欢的音乐或播客来转移注意力；工作失误时，不是自责而是从中吸取教训，以便将来做得更好。

2. 人际交往的润滑剂

如果不能很好地管理情绪，在与人沟通时，可能因为一时冲动说出伤害他人的话，或者因为无法控制自己的愤怒而导致关系破裂。即使是亲人朋友间，也可能因为情绪失控而产生隔阂，久而久之，人际关系会变得紧张，互相之间的信任感也会下降。

善于情绪管理的人，则能够在发生冲突时保持冷静，尝试站在对方的角度思考问题，使用非指责性的语言表达自己的感受和需求。这样做不仅能减少误会，还能加深彼此的理解，使关系更加稳固和谐。

3. 职业发展的助力器

缺乏情绪管理意识的职业人士，在面对工作压力时可能会表现出易怒、消极的态度，这不仅影响个人的工作效率，还可能给团队带来负面影响。上司和同事可能会认为这样的员工不够成熟可靠，从而影响其晋升机会。

懂得管理情绪的员工，在面对挑战时能够保持冷静，积极寻求解决方案。他们在团队中通常被视为值得信赖的伙伴，擅长进行有效的合作与沟通。这样的形象有利于个人职业发展，获得更多提升的机会。

4. 面对生活挑战时的坚强后盾

在面对重大生活变故时（如失业、疾病等），如果缺乏适当的情绪管理技巧，人们可能会陷入绝望和无助之中，难以看到未来的希望。这种情况下，人们可能会采取逃避现实的行为，如过度饮酒或沉迷于网络，试图暂时忘却痛苦。

具备良好情绪管理能力的人，在遭遇困境时能够保持积极的心态。他们会设定小目标，一步一步向前迈进，最终走出阴霾。

情绪悄无声息地影响着我们的行为和选择，因此，我们需要对自己的情绪有清晰的认知和管理，避免因一时冲动而做出错误的决定。

情绪的朋友和敌人：辨别积极情绪与消极情绪

情绪可以被看作是内心世界的晴雨表，它们传递着关于个体当前状态的信息。然而，并非所有情绪都是有益的。一些情绪像朋友一样，为我们带来阳光和温暖，让我们如沐春风，并能激励我们，帮助我们更好地应对挑战；而另一些则像带来阴云和风暴的"敌人"，可能让我们产生不良的行为或心理健康问题。因此，理解和管理情绪成为了一门重要的技能。

积极情绪通常指的是那些能够促进个人成长、增强社会联系及提升生活质量的情感状态。这类情绪包括但不限于喜悦、感激、希望、自豪、兴趣、爱与平和感等。积极情绪具有以下特征：

1. 促进开放性：积极情绪鼓励人们对外界保持开放的态度，接受新奇的事物并乐于探索未知领域。

2. 增强创造力：当人们感到积极时，他们的思维会更加灵活，更有可能产生创新性的想法。

3. 改善身体健康：研究表明，长期保持积极情绪的人群更有可能拥有良好的身体状况。因为积极情绪有助于减少压力激素水平，从而降低患病风险。

4. 加强人际交往：积极情绪能够激发合作精神，提高个人的社会吸引力，使人更容易建立和谐的关系网络。

与积极情绪相反，消极情绪往往是由威胁感知、损失体验或挫败感受引起的。它们包括但不限于愤怒、悲伤、恐惧、焦虑和羞愧等。

持续的消极情绪状态可能会导致一系列的问题，包括但不限于：

1. 心理健康问题：长期处于消极情绪中可能会增加患抑郁症、焦虑症等心理障碍的风险。

2. 社交隔离：消极情绪可能导致个体退缩，避免与他人交流，这反过来又加剧了负面情绪。

3. 行为问题：在极端情况下，某些消极情绪可能会导致冲动行为或自我破坏的行为模式。

案例分析

赵先生是一家中小型企业的销售经理，近几个月来，市场竞争异常激烈，公司的业绩一直没有达到预期目标。这给赵先生带来了巨大的压力，他每天都要加班到很晚，周末也几乎没有休息的时间。长时间的高强度工作加上业绩不佳的现状，让赵先生的心情越来越糟糕。

一天，赵先生在办公室接到了客户的投诉电话，对方指责公司的服务不到位，产品也有问题。尽管赵先生尽力安抚客户，但客户的怒气还是让他感到十分挫败。挂断电话后，他坐在椅子上，感到前所未有的疲惫和无助。这种负面情绪积累已久，终于在这一刻爆发了出来。

下班后，赵先生拖着疲惫的身体回到了家。平时他还能勉强打起精神陪家人吃晚饭，但这天他实在没有力气再装作若无其事的样子。餐桌上，他显得心不在焉，对家人的询问也只是敷衍回答。孩子们察觉到了父亲的不对劲，试图逗他开心，但赵先生的心情却没有丝毫好转。最后，孩子们失望地离开了餐桌，妻子也沉默不语，家庭的气氛变得异常压抑。

当天晚上，赵先生辗转反侧，难以入眠，他想和妻子聊聊天，但心情实在太差，最终也没有付诸行动，于是就这样带着情绪入睡了。第二天早上，他依然带着沉重的心情去上班，一到办公室，他就发现自己仍然无法摆脱昨晚的那种沮丧和疲惫感。他坐在办公桌前，看着数不胜数的文件和邮件，心中充满了无力感，也不知这样的日子何时是个尽头。

赵先生的故事向我们展现了消极情绪对个人生活和家庭关系的影响。赵先生在面对工作压力时，未能及时察觉到自己内心的消极情绪正在逐渐积累，最终导致了情绪的大爆发。这说明，他在察觉自身情绪变化方面存在一定的迟缓与不足。当接到客户的投诉电话后，他没有及时排解内心的挫败感，反而任由其在心中蔓延，并且不愿意主动与家人沟通分享自己的感受，而是选择独自承受。结果，这种消极情绪不仅影响了他的工作效率，还导致家庭氛围变得异常压抑，他自己也深陷情绪泥潭，无法自拔。

通过分析赵先生的故事，我们可以看出，在快节奏、高压力的职场环境中，人们很容易陷入消极情绪的旋涡。那么，应该怎样做才是正确的呢？

第一章 情绪的起源：认识你的内心小宇宙

1. 做到自我觉察不良情绪

我们需要时刻留意自己的情绪变化，如同一个细心的观察者，记录并分析自己在何时何地产生了何种情绪。这有助于我们更好地理解自己的情绪触发点，从而在未来遇到类似情境时能够迅速做出调整。

2. 培养积极的应对策略

面对消极情绪，我们不能一味逃避或压抑，而应学会以积极的方式去应对。比如，当感到焦虑或紧张时，我们可以尝试进行深呼吸、冥想或瑜伽等放松身心的活动。这些活动能够帮助我们减缓心跳、降低血压，从而缓解紧张情绪。此外，与亲朋好友交流、分享感受也是一种有效的情绪调节方式。它不仅能够让我们得到情感上的支持，还能够拓宽我们的思维视野，帮助我们更加理性地看待问题。

3. 在日常生活中培养积极的生活习惯和思维方式

比如，保持规律的作息和健康的饮食习惯，有助于我们保持身心平衡，减少情绪波动。同时，我们还需要学会从多个角度看待问题，寻找积极的解决方案。在面对挑战和困难时，我们可以尝试将其视为成长的机会，而不是单纯的阻碍。这种积极的思维方式能够激发我们的内在动力，让我们更加勇敢地面对困难。

4. 建立良好的人际关系

与同事或者朋友保持良好的沟通与合作，能够让我们在工作中感到更加舒适和自在。当遇到分歧和冲突时，我们需要学会以平和的心态去解决问题，而不是让情绪主导我们的行为。通过积极沟通、倾听和理解对方的需求和感受，我们能够营造更加和谐的工作氛围，从而减轻工作压力带来的负面情绪。

5. 寻求外界的支持

如果消极情绪持续存在且严重影响到了我们的生活和工作，就需要及时寻求专业的心理咨询或治疗。专业的心理咨询师能够帮助我们更深入地了解自己的情绪问题，并提供个性化的解决方案。他们不仅能够提供情感上的支持，还能够教授我们有效的情绪管理技巧，帮助我们重建积极的自我认知和生活态度。

综上所述，情绪管理是一个需要长期努力和实践的过程。通过自我觉察、培养积极的应对策略、建立良好的生活习惯、思维方式和人际关系，以及寻求专业帮助等方法，我们能够更好地辨别并管理自己的情绪，让积极情绪成为我们生活中的朋友，让消极情绪成为我们的过客。

情绪的种类：从快乐到焦虑，五彩斑斓

俗话说，人有"七情六欲"，而研究表明，人类的情绪远不止六种基本类型，实际上有多达二十七种。这些情绪以其多样性和复杂性，构成了我们内心体验的丰富层次。从最基本的快乐到复杂的焦虑，每一种情绪都在以它独有的方式，影响着我们的思维、行为和情感。

通常，我们可以把情绪作如下三种分类：

1. 基本情绪：心理学家普遍认为，有几种基本情绪是人类共有的，包括喜悦、悲伤、愤怒、恐惧、厌恶和惊讶。这些情绪在不同文化中都有相似的表达方式。

2. 复杂情绪：除了基本情绪，还有更为复杂的情绪，如钦佩、崇

拜、感激、羞愧、内疚等。这些情绪通常由特定的社会互动或个人经历触发。

3. 情绪的维度：情绪也可以通过不同的维度来分类，如效价度（愉悦－不愉悦）、唤醒度（激活－放松）、支配度（控制－被控制）等。这些维度帮助我们理解情绪的不同方面及其相互作用。

案例分析

小刘是一名软件工程师，虽然平时工作繁忙，但性格开朗乐观。有一天，他突然收到了一个重要的项目通知，要求他在短时间内完成一项复杂的技术开发任务。起初，小刘感到兴奋，因为他喜欢挑战，认为这是一个展现自己能力的机会。

然而，随着项目的推进，小刘发现任务比预想中要复杂得多。连续几天加班加点后，他开始感到疲惫和焦虑。每晚回到家，他都会感到一种说不出的压力，这种感觉让他难以入睡。家人也注意到了他的变化，试图安慰他，但他总是心不在焉，甚至有些烦躁。

有一天，小刘在调试代码时遇到了一个棘手的问题，尝试了多次都无法解决。这时，同事一句不经意的评论让他突然感到非常生气，差点和同事发生争执。事后，他意识到自己当时的情绪已经失控了。

当晚，小刘正在回家的路上，突然下起了大雨。他站在公交站台，看着雨水倾泻而下，心情反而平静了下来。他意识到自己的情绪在这段时间经历了从最初的兴奋到后来的焦虑、疲惫，甚至愤怒，这些情绪像潮水般一波接着一波，让他感到疲惫不堪。

回到家后，小刘放下了工作，和家人一起去公园散步，在大自然中，他感到心情舒畅了许多，之前的烦躁感也逐渐消散。

后来，他开始每天抽出时间进行冥想，同时通过运动来释放压力，并与同事和家人分享自己的感受，慢慢地，他发现自己的情绪变得更加稳定了，工作效率也有所提高。

小刘的故事展示了情绪的多样性和动态变化，从最初的兴奋到最终的平静，这一过程涵盖了多种情绪类型以及展现了不同情绪对个人生活的影响。

如果将小刘的情绪比作四季更迭，那么在最初时，他的心情如同初春的田野，充满了生机与希望；而随着项目的深入，他的心情则像进入了盛夏，虽然似烈日般炽热，但现实的复杂性与时间的紧迫性，如同夏日的暴雨，突如其来，让他的心情变得焦灼与不安；当项目进入瓶颈期，小刘的心情仿佛步入了深秋，内心的烦躁与疲惫如同落叶般堆积；经历了雨中的觉醒后，小刘开始积极调整自己的心态与生活方式，他的心情逐渐变得稳定与坚韧，就像经历了冬日冰雪磨砺的松树，更加挺拔与茂盛。

情绪的复杂性和多样性，使得我们能够以更为细腻的方式体验和响应生活中的各种情境。因此，我们需要掌握自己的情绪，并且了解这些情绪都有哪些特点。

1. 钦佩：当我们看到别人的才华或善行时，那种油然而生的敬意就是钦佩。比如，看到朋友无私帮助他人，我们心里会默默点赞。

2. 崇拜：当我们把某人置于极高的地位，觉得他是无所不能的存在时，那种情感就是崇拜。比如，偶像发了新专辑，粉丝们为之发出的足以震破天际的尖叫，正是对这种极度敬仰之情的生动展现。

3. 欣赏：无论是凝视一幅优美的画作，还是观察一个人的高尚品格，那种心灵被触动的美好的感觉就是欣赏。比如，在美术馆里，对着一幅画凝视良久，心中充满敬意与赞叹。

4. 娱乐：无论是看喜剧电影，还是和朋友聚会，那种轻松愉快的情绪就是娱乐。比如，在电影院里，被某个搞笑桥段逗得前仰后合。

5. 焦虑：面对未知或可能的危险时，那种紧张不安的情绪就是焦虑。比如，考试前夜，大脑里总是回荡着"完了，完了，明天要考砸了"这样的消极念头。

6. 敬畏：当我们面对壮丽的大自然或深奥的科学理论时，那种肃然起敬的感觉就是敬畏。比如，站在大峡谷前，感叹大自然的鬼斧神工。

7. 尴尬：在公共场合出糗时，那种脸红心跳的感觉就是尴尬。比如，在众人面前跌了一跤，恨不得找个地缝钻进去。

8. 厌倦：当我们重复做同一件事时，那种无聊乏味的感觉就是厌倦。比如，连续加班一个月，日复一日地看着电脑屏幕，不仅眼睛会感到干涩疲惫，就连心灵也失去了活力。

9. 冷静：在面对困难时，那种沉着应对的感觉就是冷静。比如，在紧急情况下，依然能迅速调整心态，保持理智与判断力并找到解决问题的方法。

10. 困惑：面对复杂的问题时，那种摸不着头脑的感觉就是困惑。比如，听一堂深奥的哲学课，大脑里都是疑问。

11. 渴望：对未得到的东西的强烈欲望，那种"心痒痒"的感觉就是渴望。比如，看到橱窗里的新款手机，心里默念"好想拥有"。

12. 厌恶：对于令人不悦的事物的反感，那种让人眉头紧皱的感觉就是厌恶。比如，闻到难闻的气味，不自觉地捂住鼻子。

13. 痛苦：当身体或心灵遭受创伤时，那种难以忍受的感觉就是痛苦。比如，失去亲人，心中的那种痛无法言表。

14. 着迷：对某件事的极度专注和兴趣，那种无法自拔的感觉就是着迷。比如，追剧到深夜，眼睛都快睁不开了，还是忍不住想看下一集。

15. 嫉妒：看到别人比自己过得好，那种心里酸溜溜的感觉就是嫉妒。比如，看到朋友圈里别人晒的旅行照，心里默念"为什么享受这份美好的人不是我"。

16. 兴奋：期待某件事或参与某件事时的激动心情，那种心跳加速的感觉就是兴奋。比如，中了大奖，那种激动的心情难以平复。

17. 恐惧：面对危险或不确定性时的害怕，那种心跳加速的感觉就是恐惧。比如，看恐怖电影，紧张得手心都是汗。

18. 痛恨：对某人或某事的极度厌恶，那种咬牙切齿的感觉就是痛恨。比如，遇到不公正的待遇，心里充满了愤怒。

19. 有趣：对新奇事物的好奇心，那种跃跃欲试的感觉就是有趣。比如，发现一个新游戏，迫不及待想要尝试。

20. 快乐：心情愉悦时，那种嘴角上扬的感觉就是快乐。比如，和朋友们聚会，笑声不断，心情大好。

21. 怀旧：回忆过去美好时光时，那种温馨的感觉就是怀旧。比如，翻看旧照片，想起小时候的快乐时光。

22. 浪漫：在爱情中流露出的柔情蜜意，那种甜蜜的感觉就是浪漫。比如，和爱人一起看日落，心中充满爱意。

23. **悲伤**：失去所爱或遭遇不幸时，那种心痛的感觉就是悲伤。比如，面对离别时，眼泪会不自觉地流下来。

24. **满意**：对某件事的结果感到满足时，那种心满意足的感觉就是满意。比如，努力工作后得到了晋升，心中的喜悦难以言表。

25. **性欲**：对性的欲望和兴趣，那种内心的冲动就是性欲。比如，和爱人共度良宵，情感和身体都得到了满足。

26. **同情**：对他人遭遇的不幸产生深切的关心和理解，那种想要给予帮助的感觉就是同情。比如，看到路边的流浪汉，心里充满了同情。

27. **满足**：个人的需求或期望得到实现后，那种内心的平静就是满足。比如，辛苦工作一天后，回到家吃到热腾腾的晚餐。

这些情绪构成了我们丰富多彩的内心世界，让我们的生活充满了起伏和变化。通过了解和识别这些情绪，我们可以更好地理解自己和他人，更有效地应对生活中的挑战。每一种情绪都有其存在的意义，无论是喜是悲，是怒是惧，我们都要学会拥抱这些情绪，因为它们是我们生活的一部分。

情绪的信号灯：如何读懂身体的反应

情绪是我们对周围事物和现象的内心感受，且情绪与身体反应之间存在着密切的联系。当我们经历不同的情绪时，我们的身体会以特定的方式做出反应，这些反应包括但不限于心跳加速、肌肉紧张、出汗、面部表情的变化等。

要读懂身体的反应，首先，需要培养自我觉察的能力。时刻注意自己的情绪变化，并观察这些变化如何影响身体。例如，当感到焦虑时，注意是否有胃部紧张或心跳加速的现象。

其次，了解身体反应的模式也有助于我们识别他人的情绪状态。例如，如果与别人在交谈中对方出现避免眼神交流、身体后退等行为，意味着他可能感到不舒服或产生了不信任的情绪。

最后，身体的反应和信号对于情绪管理至关重要。通过感知和理解这些反应和信号，我们可以更好地识别这些身体信号，了解自己的情绪状态，并采取有效的措施来应对情绪困扰，保持心理健康。

案例分析

　　赵雷是一位年轻的创业者，他的公司正处于快速发展阶段，每天都需要面对各种挑战和压力。由于工作繁忙，他常常加班到深夜，几乎没有时间关注自己的身体和情绪状态。

　　最近，赵雷经常感到心跳加速，尤其是在面对一些紧急情况时。他以为这只是工作紧张所致，没有太在意。然而，随着时间的推移，他的身体反应越来越明显，开始出现胸闷、气短、头痛等症状。

　　尽管身体发出了明显的信号，但赵雷仍然选择忽视。他觉得自己还年轻，这些不适只是暂时的，只要挺过去就好了。他继续高强度地工作，甚至有时连吃饭和休息的时间都挤不出来。

　　直到有一天，赵雷在办公室突然晕倒，被紧急送往医院。经过检查，医生发现他患有严重的心脏病和焦虑症。原来，他长期忽视身体发出的信号，导致情绪问题不断累积，最终引发了严重的健康问题。

　　赵雷的案例反映了许多人在职业压力下忽视健康预警信号的现象。他忽视了身体发出的多个信号，如心跳加速、胸闷和头痛，这些通常是身体对压力的生理反应。这种忽视可能是由对工作成就的过度追求，或是对健康问题的认识不足所致。最终，他的身体和情绪压力达到了临界点，导致了严重的健康危机。

"0负担"情绪管理法

在现代快节奏的生活和工作中，长期的压力和紧张不仅容易导致心脏病和焦虑症等健康问题，还可能严重影响个人的工作能力和生活质量。

因此，对于身处高压工作环境中的个人来说，学会识别身体的预警信号，并采取适当的休息和放松措施，对于预防严重健康问题的发生具有至关重要的作用。

下面，我们将深入探讨几种常见情绪如何在生理层面引发一系列连锁反应。

1.心跳加速与呼吸急促：应激反应的信号

当我们面临紧张、焦虑或极度兴奋的时刻，身体仿佛被一股无形的力量推动，进入了一种高度警觉的状态。在这种状态下，自主神经系统中的交感神经系统迅速启动，释放出肾上腺素、去甲肾上腺素等应激激素。这些激素如同"加速器"，可以促使心脏加速跳动，以输送更多的血液到全身，为即将发生的"战斗"或"逃跑"反应做准备。同时，肺部也接收到指令，加快呼吸频率，增加氧气的摄入，以支持身体的高能量需求。这些生理反应虽然短暂且有助于应对紧急情况，但长期处于这种状态会对心血管系统造成负担，增加罹患心脏病、高血压等慢性疾病的风险。

2.肌肉紧张与疼痛：身心的双重压力

情绪紧张时，我们的肌肉也会不自觉地紧绷，仿佛是在为未知的挑战积蓄力量。这种肌肉紧张状态不仅限于表面肌肉，连内脏平滑肌也可能受到影响，导致胃痛、肠痉挛等症状。长期的紧张状态还可能引发慢性肌肉疼痛，如头痛、颈部僵硬、肩背疼痛等，这些疼痛往往难以通过常规治疗完全缓解，因为它们根植于深层的情绪压力之中。通过放松训练、瑜伽或冥想等方法，可以帮助缓解肌肉紧张，促进身心的和谐统一。

3. 出汗与口渴：自主神经的微妙调控

情绪的变化还能直接影响我们的汗腺和唾液腺活动。恐惧、紧张或焦虑时，人们往往会出汗，这是身体试图通过蒸发汗液来降低体温、减轻压力的一种方式。同时，口腔干燥也是情绪紧张时的常见表现，因为唾液腺的分泌活动减少，导致口腔湿润度下降。这些生理反应虽然看似微不足道，但实际上反映了自主神经系统对体内环境的精细调控。维持适当的水分摄入，以及学会情绪管理技巧，如深呼吸、正念冥想等，可以有效缓解这些症状。

4. 消化问题：情绪的"第二大脑"

消化系统与大脑之间存在着密切而复杂的联系，被称为情绪的"第二大脑"。情绪波动，尤其是负面情绪，如紧张、焦虑、抑郁，会直接影响胃肠道的功能。这些情绪不仅会导致消化不良、胃痛、胃灼热等不适症状，还可能引起肠易激综合征，表现为腹泻或便秘的交替出现。这是因为情绪变化影响了胃肠道的神经递质释放、血液循环以及肌肉收缩，打破了原有的生理平衡状态。通过调整饮食习惯，进行心理治疗或采用放松技巧，可以帮助恢复胃肠道的健康。

5. 皮肤反应：情绪的外在表现

皮肤作为人体最大的器官，同样对情绪变化高度敏感。紧张、焦虑或情绪波动可能导致皮肤出现一系列问题，如头皮发痒、头皮屑增多、脱发加剧，以及荨麻疹、湿疹、痤疮的反复发作。这些皮肤问题不仅影响美观，更是内心深处压力的外在体现。情绪管理，保持良好的生活习惯，适当的皮肤护理，以及必要时寻求专业皮肤科医生的帮助，都是改善这一状况的有效途径。

6.睡眠障碍：情绪与睡眠的恶性循环

情绪问题与睡眠障碍之间存在着密切的双向关系。焦虑、抑郁等负面情绪常常导致入睡困难、睡眠浅、早醒等睡眠障碍，而睡眠不足又会进一步加剧情绪问题，形成恶性循环。长期睡眠不足还会影响免疫系统、记忆力和认知能力，对身体健康构成严重威胁。建立良好的睡眠习惯，进行放松训练，必要时接受心理治疗或药物治疗，是打破这一循环、恢复健康睡眠的关键。

通过认识并理解情绪和生理健康的联系，我们可以更好地管理自己的情绪。而在这个过程中，提升自我认知，学习情绪管理技巧，以及必要时寻求专业帮助，都是不可或缺的重要步骤。

小情绪大影响：生活中的情绪实例

情绪虽然是短暂的心理体验，但它们对我们的日常生活产生了广泛而深远的影响。这种影响体现在人际关系的微妙变化、工作效率的高低起伏，以及个人身心健康等方方面面。

1.情绪对人际关系的影响

情绪能够在无形中拉近或疏远人与人之间的距离。积极情绪如喜悦、满足等，能够增强人与人之间的信任感和亲近感，促进关系的和谐发展。相反，消极情绪如愤怒、悲伤等，则可能导致误解和冲突，破坏原本良好的人际关系。

当你早上匆忙赶往公司，在电梯里遇到了一位不太熟悉的同事时。虽然你心情一般，但还是给了对方一个微笑。这个微笑让对方感到友好，于是他开始和你聊起天气，你们之间的气氛因此变得轻松。这个小小的互动让你一天的心情都变得更好，你们之间的关系也因此更加融洽。

而如果你早上和伴侣因为一点儿小事发生了争执，带着不愉快的情绪去上班，你可能会发现整个上午都很难集中精神，甚至可能在不经意间把这种负面情绪传递给了同事。时间久了，大家都不愿意再亲近你，毕竟没有人喜欢和一个总是愁眉苦脸、情绪低落的人相处。

2. 情绪对工作效率的影响

当我们处于愉悦、兴奋等积极情绪状态时，我们的思维会更加活跃，注意力更集中，能够更好地应对工作中的挑战和困难。

你是否察觉到，当自己处于积极的情绪状态时，不仅脚步会变得轻快，连带着一整天的心情都变得愉悦？这种积极的情绪状态让你在处理日常任务时更加高效，你在会议上的发言更加自信，解决问题时思路更加清晰。即使是面对复杂的项目，你也感到充满动力，能够迅速进入状态，创造性地找到解决方案。同事们也会被你的热情所感染，团队的整体氛围变得更加积极向上。

相反，如果你在工作前遇到了交通堵塞或者与某人发生了不愉快的对话，你可能会带着紧张或烦躁的情绪走进办公室。这种消极情绪可能会影响你的专注力，让你在处理日常工作时容易分心，对于细节的注意力下降，甚至可能导致你在准备报告或演示文稿时出现疏漏。在与同事交流时，你可能会因为情绪的影响而显得不耐烦，进而可能会影响团队的协作和沟通。

3. 情绪对身心健康的影响

长期的压力和焦虑会削弱我们的免疫系统，使我们更容易感冒，或者导致身体经常出现各种小毛病，拖拖拉拉总也治不好。研究表明，悲观还与心血管、中风等疾病直接相关，因此，对未来感到悲观、失望的人，相较于乐观的人，平均寿命会缩短两年。

4. 情绪对创作力的影响

某个早上，你和朋友打了一场羽毛球，之后感觉身体轻松，心情愉悦。当你下午坐在画布前时，发现自己的笔触变得特别流畅，颜色搭配也格外和谐，你可能会尝试一种新的绘画技巧，甚至创造了一种全新的画风，而这幅作品最终成为了你个人作品集的亮点，这便是积极情绪的影响，让你的创作力爆棚。

你是一个博客作者，最近一直在准备一篇文章。今天，你收到了一封读者的感谢信，赞扬你之前的文章给了他们很大的帮助，这让你感到非常自豪和满足。带着这种积极的情绪，你开始撰写新文章，灵感源源不断，你不仅提前完成了文章，还觉得自己写得比以往任何时候都要好。

5. 情绪对决策力的影响

你正在考虑是否接受一个新的工作机会，这个职位提供了更高的薪水，但需要你搬到另一个城市。你对这个事情感到犹豫不决。一天晚上，你和一位值得信任的朋友分享了你的担忧，朋友的鼓励和支持让你感到温暖和自信。第二天，你带着这种积极的情绪重新审视了这个工作机会，发现自己能够更清晰地权衡利弊，最终作出了一个既理性又符合个人职业规划的决定。

你是否曾经历过这样的时刻：当你结束了一天的忙碌后，工作上的压力让你感到有些疲惫和烦躁。下班后，你决定去超市买菜准备晚餐。在超市里，你本打算只买一些新鲜的蔬菜和肉类，但当你走过甜品区，看到那些诱人的巧克力蛋糕和冰激凌时，你的烦躁情绪似乎在告诉你："你值得一点小奖励。"于是，你决定买下那些甜品，尽管你知道它们并不是最健康的选择。

第二天，你再次去超市，这次你的心情很好，因为早上你完成了一个重要的项目，得到了老板的表扬。在超市里，你依然看到了那些甜品，但这次你没有被它们吸引。愉悦的心情让你更加关注健康的饮食，于是你选择了购买蔬菜和水果，而不是那些高糖的甜品。不仅如此，你甚至决定尝试一些新的健康食谱，因为你感到心中充满活力和创造力。

案例分析

在一次周末家庭聚会中，吕林注意到父母之间的气氛异常紧张。他们在谈话中不时流露出对某个家庭成员的不满，这种紧张情绪像乌云一样笼罩着整个房间。

晚餐时，紧张的气氛让吕林食欲全无。他注意到，其他家庭成员也变得沉默寡言，每个人都在小心翼翼地避免触碰敏感话题。这种沉默让每个人都感到不舒服，但没有人愿意率先打破僵局。家庭聚会的乐趣被紧张和不安所取代，每个人都在默默期盼聚会的结束。

餐后，大家聚集在客厅里，但紧张的气氛依旧没有缓解。父母之间的冷言冷语让大家感到尴尬，吕林尝试通过调高电视音量来分散注意力，但这并没有改变紧张的气氛。

紧张的气氛变得越来越令人难以忍受。吕林自己的情绪也受到了影响，开始感到焦虑和沮丧。最终，他提前离开聚会，希望能在安静的家中找回一些平静。

聚会最终在一片不和谐的气氛中结束。家庭成员们纷纷找借口提前离开，没有人提出下一次聚会的计划。这种紧张情绪的影响持续到了聚会之后，家庭成员之间的交流明显减少，每个人都在回避可能引发冲突的话题。

这个案例清楚地展示了情绪如何在家庭聚会中产生连锁反应，影响人际关系、个人心理健康、社交活动，以及决策和行为。紧张和不安的情绪不仅影响了当下的氛围，还可能对家庭成员之间的关系产生长期影响。

情绪是影响我们生活的关键因素，只有学会管理自己的情绪，才能提高生活质量和工作效率，促进身心健康发展。

情绪的旅行：如何记录情绪变化的旅程

为什么要记录自己的情绪变化呢？

因为情绪如同四季更迭般在我们的内心世界中不断起伏变化，影响着我们的思想、行为和生理状态，所以，记录情绪变化的重要性在于以下几个方面：

1. 提高自我意识：通过记录日常中的情绪反应，你可以更好地了解自己。比如，你可能会发现自己在面对交通拥堵时总是感到焦虑，但在与家人共进晚餐时则总是充满温馨和快乐。这样的记录，就像是一本生活的日记，帮助你描绘出自己在不同情境下的情绪反应，提高自我意识。

2. 发现情绪模式：每次工作到很晚后，你可能会感到一阵疲惫和焦虑；每次与家人因为琐事争吵后，你都会陷入短暂的沮丧之中。

通过记录，你可以更加清晰地看清自己的情绪模式，并找出其中的规律。这样，当你再次遇到类似的情境时，就能更加从容地应对，减少不必要的情绪波动。

3. 情绪调节：当你开始追踪自己的情绪变化时，便会发现自己在某些特定时刻容易变得紧张或不安。这时，你可以尝试将一些放松技巧融入日常生活，以调节情绪。

比如，当你感到焦虑时，可以停下来深呼吸几次，或者做些简单的伸展运动来放松身体。当你感到沮丧时，可以听听喜欢的音乐，或者和朋友聊聊天来转移注意力。

案例分析

赵晴是一位忙碌的职场女性，她总是将自己沉浸在繁忙的工作和生活中，觉得自己能够应对一切压力和挑战。但随着工作任务的加重，为了平衡工作和生活，她开始感到力不从心。

起初，赵晴还能够勉强应对，她加班加点地工作，努力抽出时间陪伴家人。但慢慢地，她发现自己的情绪开始变得不稳定。每当工作压力大时，她都会感到焦虑和烦躁，与家人相处时也常常因为琐事而发脾气。

然而，赵晴并没有意识到自己的情绪已经出现了问题，她觉得自己只是太累了，休息一段时间就能恢复。因此，她并没有采取行动来改变现状，而是继续沉浸在繁忙的工作和生活中，忽视了自己的情绪变化。

直到有一天，赵晴在一次与家人的激烈争执中情绪彻底崩溃。她大声地哭泣，诉说着自己的压力和不满，发泄完情绪后，她不顾家人的劝阻，直接离开了家。她试图通过喝酒、购物等方式来逃避现实，但这些方法只是暂时缓解了她的情绪问题，却无法从根本上解决问题。

赵晴开始感到绝望和无助，她不知道该如何改变自己的情绪状态，也不知道如何与家人重建良好的关系。她觉得自己已经完全失控了，既摸不透自己的情绪，也找不到办法解决现状。

赵晴的案例，实质上反映了一段未完成的情绪探索的旅行，她未能有效地记录并管理自己的情绪变化。

在这段旅程中，赵晴原本有机会在每一个情绪起伏的时刻，停下脚步，去记录并理解自己的情绪。然而，繁重的工作与生活压力使她忽视了这一点，她没有意识到自己的情绪正在发生变化，更没有采取行动去记录这些变化。

直到情绪彻底崩溃，赵晴才开始意识到问题的严重性。但此时，她已经错过了太多记录和理解自己情绪的机会，导致她感到绝望和无助。

为了避免出现赵晴的情况，我们不妨试着对自己的情绪变化做一个记录，以下是一些常见的方法及其具体操作步骤：

1. 情绪日记：情绪日记是一种记录日常情绪变化的方法，通过写作来表达和分析个人的感受。

（1）实践方法

定期记录：设定一个固定时间，比如晚上刷牙前，写写今天的心情故事。

描述事件：详细描述当天发生了什么事让你"笑出猪叫"或者"气到爆炸"。

描述情绪：使用生动的比喻或直接的词汇描述你当时的情绪是高兴得像中了彩票，还是难过得像丢了钱包。

评估强度：这情绪强得像台风，还是弱得像微风？

反思原因：为什么会产生这样的情绪？是不是今天的煎饼馃子没加蛋？

分析反应：你是怎么对付情绪的？是跟它"大战三百回合"，还是和平共处？

（2）好处

能让你更懂自己，知道自己的情绪套路，以后遇到类似情况就能轻松应对。

2. 情绪追踪应用：使用智能手机应用来追踪情绪。这些应用通常包含情绪识别、记录和分析的功能。

（1）实践方法

选择应用：挑选看着顺眼的应用，比如图标很萌的。

定期检查：定个闹钟，提醒自己每天别忘了记录。

利用提醒：别让情绪记录变成"年度大扫除"，要像刷牙一样成为日常。

查看分析：看看自己的情绪走势，是不是像股市一样起起伏伏？

（2）好处

简单方便，还能用图表直观地展示你的情绪变化。

3. 情绪评分系统：创建一个评分系统来量化情绪状态。如使用1到10的评分体系（1分代表极度低落，10分代表极度愉悦）来表示情绪的强度，然后像给电影评分一样，给自己的情绪也打个分。

（1）实践方法

选择评分范围：从1分到10分，看你的心情能得几分。

每日评分：每天给自己的心情打个分。

记录原因：比如，今天的心情评分为8分，是因为在路上捡到钱了吗？

跟踪变化：观察自己的心情分数是怎么随时间变化的。

（2）好处

能清晰地看到自己的情绪是如何起伏的，直观地了解自己的心情变化，发现自己的快乐时刻。

4. 情绪地图：把你的情绪画成一张地图，看看它们是怎么串起来的。

（1）实践方法

创建地图：在纸上或电脑上画一张情绪地图。

标识情绪：把不同的情绪像地标一样标在地图上。

连接事件：看看这些情绪是怎么被日常事件触发的。

分析模式：找找看有没有规律，比如为何周一常常成为心情低谷期？

（2）好处

能帮你发现情绪的触发点，便于以后提前预警。

5. 心情追踪器：记录一天中不同时间的心情，像追踪天气变化一样。

（1）实践方法

选择追踪器：选择一个适合自己的心情追踪器，可以是简单的手写小本子，也可以是复杂的应用程序。

多次记录：在一天中选择几个时间点进行情绪记录，比如早上、中午和晚上。

记录详细：记录尽可能详细的信息，包括情绪、地点、事件和反应。

分析趋势：积累一定量的记录后，定期分析这些情绪数据，识别心情的高峰期与低谷期，寻找情绪变化的趋势和模式。

（2）好处

能为你提供一天中心情变化的快照，帮你找到心情变化的规律。

6. 情绪日志：情绪日志是一种更深入的记录方式，要求记录情绪的详细信息和个人反思。

（1）实践方法

详细描述：把情绪产生的来龙去脉写清楚，包括你的想法和行为。

深入反思：通过深度自我剖析，进一步探索情绪产生的根源以及对你造成的影响。

定期回顾：时不时翻翻以前的情绪日志，看看自己在情绪认知与管理方面有没有进步。

（2）好处

能促进自我理解和情绪智力的发展，帮你形成有效的情绪管理策略。

记录情绪变化的旅程是一个自我发现和自我疗愈的过程。通过上述方法，我们可以更好地理解自己的情绪反应，发现情绪触发点，并学会更有效地管理情绪。

第二章
识别与接纳：
情绪的接纳术

情绪不必完美：接纳不完美的自己

在日常生活中，人们往往追求情绪的完美，试图避免任何负面情绪的出现。但这种追求不仅不切实际，反而可能导致心理健康问题。每个人都会有情绪上的起伏，这并不是一件坏事，而是人性的一部分。

各种情绪的存在都是有其合理性的，它们反映了我们的内心世界以及对外部环境的感知。当我们感到高兴时，是因为某些事物满足了我们的需求；而当我们感到悲伤或愤怒时，则是因为某些重要的东西受到了威胁或损失。这些都是正常的生理和心理反应，试图压抑或否认这些情绪只会让情况变得更糟。

过度追求情绪完美，可能会带来如下危害：

1. 自我苛责

当我们过度追求情绪完美时，任何一点情绪上的波动都可能被视为失败。这种高标准会让我们对自己产生不必要的苛责。比如，一旦我们感到焦虑或悲伤，就可能会自责道："我不应该产生这样的情绪。"从而导致更大的压力。这种自我批判不仅不能解决问题，反而会让情绪更加糟糕，形成一个恶性循环。

2. 情绪压抑

为了保持表面上的平静,我们可能会选择压抑那些不愉快的情绪。但是,正如弹簧原理一样——被压缩得越紧就反弹得越高,那些被压抑的情绪迟早也会找到出口。这通常表现为情绪的突然爆发,有时候甚至会导致严重的心理健康问题,比如焦虑症或抑郁症。

3. 社会适应困难

过度追求情绪完美还可能导致我们在处理情绪问题时缺乏必要的应对策略。当我们习惯于追求完美时,一旦遭遇情绪挑战,可能会感到手足无措。这不仅影响我们的自我调节能力,还会影响与他人的互动和社会适应能力。

案例分析

李刚是一家大型企业的项目经理,他一直以高标准要求自己。他认为,作为一名成功的管理者,必须始终保持冷静和积极的态度,不能在下属面前表现出任何负面情绪。

平时,他总是面带微笑,即使在最艰难的情况下也能保持乐观。每次遇到问题,他都会告诉自己:"我必须表现得更好,不能让他们看到我的脆弱。"

然而,这种高压状态开始对李刚产生了不利影响。一次,公司接到了一个重要的跨国项目,需要在短时间内完成大量的准备工作。李刚作为项目的主要负责人,感到前所未有的压力,每天加班到深夜成了常态,周末也几乎没有休息的时间。

尽管如此，李刚仍然坚持不让自己的情绪波动显露出来。他告诉自己："我是团队的核心，必须保持冷静。"然而，这种自我压抑并没有带来预期的效果。他开始频繁失眠，晚上辗转反侧，脑子里全是未解决的问题。白天在办公室里，他变得越来越易怒，对下属的要求也越来越苛刻。

一次，项目组在讨论一个重要环节时出现了分歧。李刚本来应该冷静地协调各方意见，但他突然情绪失控，大声指责一位同事："你怎么这么笨，这么简单的事情都做不好！"这一幕让在场的所有人都感到震惊，气氛变得非常尴尬。尽管事后李刚试图道歉，但这次事件已经严重损害了他与团队成员之间的信任。

更糟糕的是，在一次与重要客户的沟通中，李刚再次失去了控制。客户提出了一些合理的要求，但李刚却因为内心的紧张和压力，大声反驳道："你们根本就不懂我们有多辛苦！"这种失态的行为不仅让客户感到不满，也使得公司失去了这笔重要的业务。

这次事件对李刚的职业生涯造成了严重影响。公司领导对他的评价直线下降，同事们也开始对他避而远之。李刚意识到，长期以来追求情绪完美的做法实际上是在自我欺骗。他忽略了情绪管理的重要性，反而让负面情绪积聚到了无法控制的地步。

李刚试图通过自我调节来改善现状，但效果并不明显。他开始出现失眠严重、体重急剧下降、健康状况恶化等问题。

通过李刚的故事，我们可以看到，过度追求情绪完美不仅会导致自我苛责和情绪压抑，还会对职业发展和人际关系造成严重的负面影响。对自己的高标准让李刚在面对巨大压力时不断自我苛责，导致负面情绪积累，当项目压力增大时，他仍然坚持不让情绪波动显露出来，这种自我压抑实际上增加了内心的负担，使得他的负面情绪像高压锅一样，最终在关键时刻彻底爆发，不仅影响了工作效率，还破坏了团队的信任和合作氛围。

俗话说："人无完人，金无足赤。"我们要学会接纳不完美的自己，包括接受自己的情绪起伏，具体可参考以下几个小妙招：

1. 认识到情绪是个万花筒

在日常生活和工作中，有时候你会因为一件高兴的事情笑得像个傻瓜，有时候又会因为难过的事情而哭得像个小孩子。快乐的时候，我们仿佛置身于阳光沙滩上度假；而悲伤或愤怒的时候，则如同在阴雨连绵的天气里苦等公交。但就像衣服一样有其适配的场合，不同的情绪也有它们适配的时刻，所以，不妨给自己来个情绪上的"衣橱整理"，接受它们的多样性。

2. 对自己温柔一点

当你遇到情绪低落的时候，试着对自己好一点。就像你会对一个生病的朋友嘘寒问暖一样，你也可以对自己说："哎哟，今天情绪不太好，没关系，给自己一个拥抱吧！"自我同情就是对自己的小温柔，它能帮我们从自责的旋涡中爬出来，并重新站稳脚跟。

3. 情绪调节小技巧

接受了自己的各种情绪后，下一步就是学会怎么调节它们。比如，当你感觉自己要气炸了，可以试试深呼吸，想象自己正在给情绪"放气"；或者找个朋友聊聊，把肚子里的苦水倒出来。如果感到难过，不妨找个肩膀靠一靠，或者看一部喜剧电影，让自己笑出声来。

4. 积极心态的力量

最后，别忘了积极心态这个超级武器。每天花点时间，想想自己的优点和做过的牛事，让自己的信心像气球一样膨胀起来。同时，对生活中的美好事物心存感激，比如早上的咖啡、朋友的笑话、窗外的阳光。

情绪的波动是自然的，追求情绪完美会让我们陷入不必要的自我批评和压力中，我们的目的是找到情绪的平衡，而不是追求不可能的完美。

情绪小侦探：学会观察自己的情绪

在快节奏的现代生活中，情绪管理可以帮助我们在"压力山大"的日子里保持冷静。但有时候，我们可能会因为忙碌而忽略了自己的情绪，直到某天情绪突然爆发，我们才恍然大悟地自问："哎呀，我这是怎么了？"

要想成为情绪管理的高手，我们首先得变成自己的情绪侦探，开始一场探索内心世界的大冒险。但你不需要像电视剧中的侦探那样穿着风衣，也不需要携带放大镜，你只需要学会一些关键的特质来帮助你更好地理解自己的情绪。

1. 敏锐性：情绪变化的捕手

作为情绪小侦探，你的第一项特质是敏锐性。它就像是你的内在

GPS，帮你在情绪的海洋中导航。无论是一丝微妙的不安，还是一阵突如其来的愤怒，你都能迅速捕捉到它们。比如，当你发现自己在会议上突然紧张起来，你会意识到："哦，我的紧张按钮又被按到了。"

2. 客观性：情绪的中立观察者

接下来，你需要保持客观性。这意味着你要像观察天气一样观察自己的情绪，不带有预设的判断。你不会说"我不应该感到紧张"，而是简单地记录："我现在感到紧张。"这样的客观观察有助于你更真实地了解自己。

3. 好奇心：情绪的探索者

好奇心是你的第三个特质。作为情绪小侦探，你对自己的内心世界充满了好奇。每当不同的情绪出现时，你会问："为什么我现在会有这种感觉？"然后，你会像破解谜题一样，寻找情绪背后的原因。

4. 耐心：情绪管理的长期伙伴

最后，耐心是你的重要伙伴。情绪管理不是一蹴而就的，它需要时间和持续的努力。有时候，你可能会对自己的情绪反应感到沮丧，但记得要对自己有耐心，因为每个人都需要时间来学习和成长。

案例分析

小李最近休了个长假，同伴邀请他出去旅游，小李心想，前段时间工作压力大，身心俱疲，正好趁假期远离城市的喧嚣，游山玩水散散心，于是便答应了下来。同伴精心规划了路线，还准备了充足的物资，大家都满心欢喜地期待着这次旅行。

然而，当车辆驶入陌生的山路，面对着蜿蜒曲折的道路和不确定的前方时，小李开始感到焦虑和紧张。他担心车辆会出问题，担心会遇到不友好的当地人，甚至担心自己会迷路。

这些担忧像乌云一样笼罩在小李的心头，让他无法欣赏沿途的风景。每当遇到一个小挫折，比如找不到停车位、餐馆的服务不够周到，或是路况不如预期，小李的情绪就会像火山一样爆发出来，他开始对同伴发脾气，抱怨不断，甚至一度想要放弃旅程。

小李的同伴们试图安慰他，但他却完全听不进去，他越来越孤僻和冷漠，不再与同伴交流，只是独自坐在车里，沉浸在自己的情绪世界中。

旅程过半时，小李的情绪问题越来越严重。他开始失眠，食欲不振，甚至出现了身体不适的症状。

这次旅行对小李来说变成了一场噩梦。他原本期待着在旅途中找到心灵的宁静和放松，但最终却发现自己怎么都不开心，遇事就感到焦躁不安，甚至觉得连天气都在跟自己作对，他彻底失去了对旅行的热情和期待，当他最终回到家中时，心中充满了遗憾和失落。

我们来分析一下小李的情况，首先，小李缺乏情绪意识，没有及时察觉到自己的焦虑和紧张，导致情绪逐渐累积；其次，他非常主观，完全被自己的情绪裹挟了起来，只知道自己不开心、不满意，然后像机关枪一样向同伴"开火"，全然忘却了出来旅行的目的，导致大家都很不愉快，本该是一次排解压力的散心之旅，最终以失望和落寞收场。

通过小李这次失败的旅程，我们可以看出，无论身处何地，面对何种情境，我们都需要学会观察、理解和管理自己的情绪。

那么具体应该怎么做呢？可以参考以下几种方法：

1. 定期进行情绪检查

设定每天固定的几个时间点来进行情绪检查，比如早晨起床后、午餐时间、下班回家前等。这样可以帮助我们养成习惯，不会忘记观察自己的情绪。

2. 提问式检查

提问式的检查可以帮助我们更有意识地观察自己的情绪。例如，可以问自己："我现在的感觉如何？""是什么引起了这种感觉？""这种感觉持续了多久？"等。

3. 利用提示物

设置手机提醒或使用专门的应用程序来提醒自己进行情绪检查。这样可以确保我们不会因为忙碌而忽略了自己的感受。

4. 记录情绪

使用日记、图表，或者利用数字工具，来记录当天的心情变化，包括发生了什么事情，自己当时是怎样的感觉，以及采取了哪些应对措施等。

5. 注意自己的身体反应

观察身体是否出现心跳加速、肌肉紧绷、出汗等反应，观察自己的呼吸是急促还是浅薄。

6. 内省与反思

经常停下来审视自己的内心状态，问问自己："我现在感觉怎么样？""我为什么会有这样的感觉？"花时间回顾一天的情绪变化，思考哪些情境触发了特定的情绪反应。

通过定期进行情绪检查和记录心情变化，我们可以逐渐增强情绪意识。当你的情绪意识增强后，会有哪些益处呢？

1. 提高敏感度：成为情绪的天气预报员

你会更容易察觉到自己情绪的微妙变化。就像你能察觉到天边飘来的乌云，你也能感觉到自己的情绪从轻松愉快转为焦虑不安。这种敏感度让你能够及时调整自己的心态，比如选择听一首轻快的歌曲，或者给自己泡一杯茶来放松心情。

2. 理性思考：用理智的头脑分析情绪

情绪意识的提高，让你不再只是情绪的奴隶，而是能够理性地看待它们。你开始思考："为什么我会感到烦躁？是因为工作太累，还是因为昨晚没睡好？"这种理性分析能帮助你找到情绪产生的根源，并采取相应的措施，比如调整工作计划，或者早点上床休息。

3. 情绪管理：做情绪的舵手

当你对自己的情绪了如指掌时，管理它们就变得容易多了。你能够在情绪风暴来临之前做好准备，或者在情绪低落时找到快速回升的方法。

情绪的波动是正常的，我们的目标不是消除它们，而是学会与它们和谐共处。下次当你感到情绪波动时，请深吸一口气，然后化身小侦探，开始探索这些情绪背后的故事吧！

倾听内心的声音：如何与自己对话

当今社会，人们常常被外界的声音所包围，无论是来自工作、家庭还是社交媒体，各种信息不断涌入我们的生活，使我们很难有时间安静下来倾听自己内心的声音。然而，与自己建立良好的沟通模式对于个人的成长、自我理解和幸福感的提升而言都至关重要。

与自己对话是一种重要的内省方式。内省是一种深入了解自己内心世界的过程，能帮助我们识别和理解自己的思想、情感、需求和价值观。内省的核心在于以下三点：

1. 真诚面对自己

当我们感到悲伤、愤怒或恐惧时，应该坦诚地接纳这些感受，而不是试图掩饰或否认。可以尝试具体描述自己的感受，例如，"我现在感到非常焦虑，因为我担心明天的考试"。

2. 不逃避内心的感受

不回避那些给我们带来痛苦的负面情绪，而是探究这些情绪的来源，了解它们是如何由特定的事件或想法触发的。

3. 不压抑内心的感受

允许自己体验和表达所有的情绪，并通过适当的渠道宣泄自己的情绪。比如，允许自己悲伤，可以通过哭泣或者写日记等方式来表达悲伤情绪。

案例分析

王莉是一家企业的行政助理，最近因为工作和家庭的双重压力，让她感到非常疲惫。一次，公司正在进行一项重要的项目，而她负责协调其中的多项任务。与此同时，家里的孩子也需要照顾，这让王莉几乎喘不过气来。

一天，王莉在工作中遇到了一个突发问题，导致项目进度受阻。她感到非常焦虑和自责，但当同事询问她是否需要帮助时，她却强颜欢笑地说："没事，我能搞定。"实际上，她心里非常难过，却不愿意承认自己的脆弱。她告诉自己："这点小事算什么，我一定能解决。"然而，这种掩饰并没有让她的困境有任何好转，反而让她感到更加孤独和无助。

下班后，她常常沉迷于手机游戏中，试图暂时忘记烦恼。有一次，她因为孩子的教育问题与丈夫发生了争执，心里感到非常难过，于是又一次选择打开手机，沉浸在社交媒体里，试图通过浏览别人的精彩生活来转移注意力。然而，这种逃避只是暂时的慰藉，一旦放下手机，那些负面情绪又会重新浮现，甚至更加强烈。

一天晚上，王莉在家中独自处理工作，突然想起第二天有一场重要的会议。想到即将到来的挑战，她感到非常焦虑。她告诉自己："哭是没有用的，我必须坚强。"她强迫自己不去哭泣，也不愿意与任何人倾诉自己的感受。这种情感的压抑让她的心理负担更加沉重，她开始失眠，食欲不振，身体状况也开始恶化。

通过王莉的故事，我们可以看到，忽视内心的声音只会让问题变得更加严重。首先，她害怕暴露自己的脆弱，用自欺欺人的方式来掩饰，不但没有起到好的作用，反而令负面情绪不断积累。其次，在面对负面情绪时，她没有直面应对，反而抱着"逃得一时是一时"的心理，采取了逃避的策略，由此导致负面情绪越积越多，同时她还极力压抑自己，不允许自己哭泣。她像个胆小鬼，既期待未来，又害怕未来，甚至连自己的内心世界都不敢面对，这种持续的逃避和自我压抑，最终让她陷入了更深的焦虑和抑郁之中。

倾听自己内心的声音，学会与自己对话，可以试着用下面的几个方法，来完成一场自己对自己的心灵问话吧！

1. 识别消极自我对话

首先，我们需要学会识别自己的消极自我对话模式。比如，你可能会在心里嘀咕："我永远都做不好这件事。""我是个失败者。"这些消极的话语会削弱我们的自信心和动力。不妨把这些话当成一个提醒，提醒我们该转变一下思路了。

示例：

消极对话："我永远都做不好这件事。"

积极对话："我虽然现在做得还不够好，但我正在努力改进。"

2. 转换视角

尝试从一个更加客观和积极的角度来看待问题。比如，当我们遇到挫折时，可以问问自己："这次失败教会了我什么？""我能从这次经历中学到什么？"这样的提问有助于我们更加理性地分析问题，并找到解决问题的办法。换个角度看问题，也许会有不一样的收获。

示例：

消极对话："这次又失败了，感觉自己真是一点用都没有。"

积极对话："这次失败让我明白了哪些地方需要改进，下次我会做得更好。"

3. 使用积极语言

用积极的语言来替代消极的自我对话。比如，将"我做不到"改成"我可以尝试一下"；将"我失败了"改成"我学到了很多宝贵经验"。积极的语言能够激发我们的内在动力，让我们更加自信地面对挑战。有时候，一句简单的鼓励就能让我们重拾信心。

示例：

消极对话："我做不到。"

积极对话："我可以试试看。"

4. 给予自我支持和鼓励

在自我对话的过程中，我们要学会给予自己支持和鼓励。当遇到困难时，可以告诉自己："我能够克服这个困难。""我一直在进步。"这样的自我鼓励能够增强我们的白信心和韧性。就像给朋友加油一样，我们也应该给自己加油鼓劲。

示例：

消极对话："我太笨了，什么都做不好。"

积极对话："我一直在进步，每次失败都让我更接近成功。"

5. 记录自我对话

有时候，我们可能很难意识到自己的消极自我对话模式。这时，可以尝试将自我对话记录下来，分析其中的消极成分，并寻找积极的替代方案。记录的过程就像是在和自己玩一场游戏，看看自己能否找到更多的积极话语。通过记录和分析，我们可以逐渐改变自己的消极思维习惯。

示例：

消极对话："我真的不行。"

积极对话："我在日记里记录了今天的成就，原来我做了这么多。"

通过采取这些简单的步骤，我们可以逐步转变自己的内心对话模式，让它变得更加积极和具有支持性。倾听内心的声音是一个需要勇气和耐心的过程，请你每天抽出十分钟的时间，寻找一处安静的场所，坐下来，静静地与自己聊天，就像与好朋友聊天一样，不久，你一定会有惊人的发现。

情绪的日记：用文字表达你的感受

情绪日记是一种强大的自我疗愈工具，它为我们提供了一个和自己进行温柔对话的空间。在这里，你不需要华丽的辞藻，也不需要成为文学大师，只需要真诚地记录下每天心情的点点滴滴。书写情绪日记有很多好处，其中最为显著的四大好处如下：

1.情绪的解压阀

情绪有时如同家里那个压力不断积累，随时可能爆炸的高压锅，而情绪日记则是那个减压阀。当你遇到堵车、工作不顺，或者和伴侣吵架时，把这些烦恼写下来，这个过程就像在为心灵减压阀，将积压已久的情绪释放出来，让你的心情得到片刻的宁静。

2. 自我探索的地图

通过记录，你会发现自己对某些小事特别敏感，或者在特定情况下特别开心。这些发现帮你更懂自己，知道如何让自己更快乐。

3. 心理健康的小护士

当你感到焦虑或不开心时，情绪日记就像是一位心理健康小护士，书写就像是给心灵做个小检查。通过书写可以及时发现问题，防止小毛病变成大问题。

4. 生活的调味剂

情绪日记还是你的生活调味剂。当你记录下每天的小确幸，比如孩子的笑容、美味的晚餐等，这些点滴会提醒你生活中存在许多美好。

案例分析

李薇从小就有写日记的习惯，她的书柜里摆满了记录着她成长点滴的日记本。这些文字记录了她的喜怒哀乐，也帮助她渡过了许多难关。然而，随着步入职场，工作的压力和繁忙让她逐渐放弃了这个习惯。而工作后的李薇，情绪开始变得难以捉摸，她时常感到焦虑和疲惫。

一天，李薇在整理房间时，偶然翻到了以前的日记。那些文字让她感到温暖，也提醒她曾经拥有的自我疗愈方式。她决定重新开始写日记，希望能找回那种与自己对话的感觉。

李薇开始在每天睡前抽出时间，记录一天的情绪和感受。她不再像以前那样记录琐事，而是专注于自己的情绪变化，她发现，这个过程让她有机会重新连接自己的内心世界。

通过写日记，李薇开始意识到哪些工作情境会引发她的压力，哪些生活瞬间能带给她快乐。她开始有意识地调整自己的工作和生活方式，以减少负面情绪的影响。

每当李薇感到情绪波动时，她会在日记中详细描述自己的感受，并尝试找出原因。然后，她会写下一些积极的自我对话，或者制定一个行动计划来改善情绪。

几个月后，李薇发现自己在日记中记录的负面情绪越来越少，而积极的情绪越来越多。她学会了如何在繁忙的生活中找到平衡，如何在压力下保持冷静。

情绪日记不仅帮助李薇学会了情绪管理，还提高了她的工作效率和生活质量。她开始更加珍惜与家人和朋友相处的时光，也更加关注自己的身心健康。

李薇的故事证明了，即便在成年后，情绪日记依然是一种有效的自我疗愈和成长工具。通过重新拾起笔书写日记，她不仅找回了与自己对话的正确方式，还学会了更好地理解和调节自己的情绪。

那么，我们应该怎样用文字来表达自己的感受呢？下面是一些具体的方法：

1. 设定固定的时间与地点

找一个你感觉最放松的时刻，比如早晨享受第一杯咖啡的时光，或者晚上泡澡时。地点嘛，哪里能让你感到最舒适，哪里就是你书写日记的角落，比如你的床边，或者那个有着美丽街景的窗台。要将写日记的时间固定下来，使之成为你日常生活的一部分。

2. 准备日记工具

挑一个你喜欢的本子，因为纸质的触感总能带来一种难以言喻的治愈感。如果你喜欢电子版，就选一个用起来最顺手的笔记应用程序。别忘了，如果是手写，选择一支书写流畅的笔；如果是电子记录，确保电子设备电量充足，以便随时记录。

3. 记录日期与天气

开头先写上日期和天气，这就像是给你的情绪日记加上了时间戳。哪天晴空万里，哪天阴雨绵绵，这些都能帮你回忆起那天的心情。

4. 描述具体情境

像讲故事一样，把你遇到的事情写下来。记得用"我"开头，比如"我今天因为老板的表扬感到很开心"。这样的叙述方式，能让你更清楚地看到自己的情绪轨迹。

5. 表达情绪感受

使用那些能够精准描述你心情的词汇，比如"兴奋""沮丧"。如果想更有创意，可以用比喻的叙述方式，比如"我的心情就像过山车一样起伏"或者"我的心情像乌云密布的天空"。

6. 记录身体反应

注意那些情绪触发的身体信号，比如紧张时的心跳加速，或者焦虑时的胃部不适。这些都能帮你更全面地理解自己的情绪。

7. 分析情绪背后的原因

像个侦探一样，探索情绪背后的原因。比如，"我之所以感到焦虑，可能是因为我担心即将到来的考试"。

8. 记录应对策略

写下你是如何应对那些情绪的，比如"我通过听音乐来放松自己"。也可以考虑未来怎么改进，比如"下次我可以试试通过练瑜伽或者跑步来缓解压力"。

9. 定期回顾与总结

记得时常翻阅过去的日记，回顾自己的情绪变化趋势。哪些事情让你开心，哪些事情让你烦恼，都将一目了然。这样，你就能更好地调整自己的情绪管理策略。

10. 保持诚实与开放

写日记时，记得对自己保持坦诚。不用担心语法或者拼写是否正确，重要的是真实地表达自己的感受。情绪日记是你的秘密花园，在这里，你可以随心所欲地"种植"自己的心情。

最后，记得对自己温柔一点，情绪日记不是作文比赛的战场，这里没有评判，只有你和自己之间的轻松对话。因此，不需要给自己施加太多压力，也不用追求完美，让每一页都记录下你的成长，哪怕只是一点点，只要真实地记录下每一天的心情，你就会慢慢发现，自己的情绪世界越来越清晰，也越来越容易管理。

无畏羞愧感：打破对情绪的偏见

羞愧感，是一种复杂的情感反应，通常源于对自我行为、能力或身份的负面评价。它不同于简单的尴尬或害羞，而是一种更深层次的、往往伴随着自我贬低和自责的情感体验。羞愧感可能源于外部的评价、社会规范的压力，或是个人内心的期望与现实的落差。

1. 羞愧感的来源

社会比较：在社交媒体泛滥的今天，人们会不自觉地将自己与他人进行比较，这种比较往往伴随着对自我价值的质疑，从而引发羞愧感。

失败经历：面对失败或挫折时，个体可能因未能达到预期目标而感到羞愧，尤其是当这些失败在公众场合被放大时。

道德评判：当个人行为违背了自己或他人的道德标准时，羞愧感便作为一种内心的惩罚油然而生。

童年经历：早期的家庭环境、教育方式以及父母的期望，都可能塑造出个体的羞愧感反应模式。

2. 羞愧感与自尊的关系

羞愧感与自尊之间存在着紧密的联系。过度的羞愧感可能会削弱个体的自尊心，导致自我认同的模糊和对自身价值的贬低。然而，适度的羞愧感能够促使我们反思自己的行为，寻求改进的方法。

案例分析

张伟在大学时便展露出在计算机编程方面的天赋，毕业后，他顺利进入一家知名科技公司，并迅速成为团队中的佼佼者。他参与的项目屡获殊荣，为公司带来了巨大的经济效益，因此赢得了公司高层的高度认可。

然而，当公司启动一项旨在开发划时代智能应用的新项目时，张伟作为核心开发者之一，遭遇了前所未有的挑战。项目因市场需求调研不足、技术瓶颈及团队协作问题而失败，这对张伟的自尊心造成了重创。

项目的失败让他感到自己仿佛被剥去了所有遮掩，暴露在众人面前，曾经所有的努力和成就都显得苍白无力。羞愧感如潮水般涌来并将他淹没，吞噬了他的理智和勇气。他觉得自己辜负了公司的期望，对不起团队成员的信任和付出，仿佛成了一个失败者，一个无法面对他人的罪人。

在接下来的日子里，羞愧感如同无形的枷锁，紧紧束缚着张伟的心灵。他开始怀疑自己，觉得自己无论如何努力都无法弥补那次失败的损失。他变得沉默寡言，不再与同事交流，甚至逃避工作，害怕再次面对失败的阴影。每当夜深人静时，他总会回想起那次失败的场景，心中充满了无尽的悔恨和羞愧，这种情感如同无形的刀，切割着他的内心，让他痛苦不堪。

张伟的羞愧感来源于他对自身期望与现实结果之间的巨大落差，就像是从云端跌落到了地面。他将羞愧感视为一种纯粹的负面情绪，无法与自己和解，慢慢地，这份羞愧感演变成一个"恶魔"，不断吞噬他，给他带来痛苦和困扰，令他陷入了无休止的自我怀疑中，最终不但阻碍了他的职业发展，还影响了他的心理健康以及和同事的关系。

在我们的日常生活里，羞愧感就像是一位偶尔来敲门的不速之客。它可能因为我们在聚会上说错了话，或是在工作中犯了个小错误而突然造访。虽然在我们的传统文化里常常把羞愧感看作是一种不太好的情绪，但现代心理学告诉我们，其实它和其他情绪一样，是人类情感世界中的正常组成部分。因此，我们需要摒弃对羞愧感的偏见，以更加包容和理解的态度去接纳它。

1.羞愧感的正面作用

促进反思：羞愧感就像是我们内心的警示器，提醒我们："嘿，这里可能出了点问题。"当我们感到羞愧时，它其实是在驱使我们审视自己的行为是否恰当，是不是需要调整。

增强责任感：感到羞愧时，我们往往会意识到自己的行为对别人产生了影响。这种情绪能让我们更有责任感，就像是在心里种下了一颗"下次要做得更好"的种子。

推动成长：羞愧感虽然让人不舒服，但它也能成为我们前进的动力。就像是健身后的肌肉酸痛，虽然令人不悦，却是对我们努力的肯定，也让我们更加期待变得更强壮的自己。

2.打破羞愧感的负面标签

要与羞愧感和平共处，我们首先需要摘掉给它贴上的负面标签。

别把羞愧感看得太严重，它不过是一种情绪反应，而不是对你整个人的评判。你可以将其视为情绪大餐中的一小勺辣椒酱，给生活增添了一丝刺激和风味。想想看，如果你的朋友不小心洒了咖啡，你会因此觉得他是个失败者吗？当然不会。所以，对自己也别太苛刻。

当我们开始用更轻松的心态去看待羞愧感时，就能更从容自在地面对它。就好比你在厨房里不小心打翻了调料瓶，你可能会自嘲一笑，然后清理干净，继续做饭。

羞愧感并不是什么大不了的事，它只是提醒我们，我们都是凡人，都会犯错。而正是这些错误，为我们提供了学习和成长的机会。所以，当羞愧感再次来敲门时，不妨给它一个微笑，说声"嗨"，然后继续你的生活。毕竟，谁的生活中没有一些小插曲呢？

当面对羞愧感时，无需急躁，可以尝试用以下几种方法来正面应对：

1. 自我同情

当我们感到羞愧时，应当对自己表现出同情和理解，而不是严厉批评。试着对自己说："没关系，谁都有出糗的时候。"这样的自我安慰，能帮你缓解尴尬和不适的感觉。

2. 重新评估情境

有时候，我们往往会因为一件微不足道的小事而在心里上演一出大戏。比如，你在会议上说错了一句话，可能心里就会想："完了，大家都会觉得我笨。"但如果你换个角度思考："每个人都有说错话的时候，这没什么大不了的。"这样一想，是不是感觉好多了？

3. 积极的自我对话

我们时常会在心里自言自语，但有时候这些自言自语反而加剧了我们的不良情绪。比如，你不小心把事情搞砸了，心里就会冒出"我真笨"这样的声音。此时，不妨转换思路，试着换成积极的话语："这次虽然没做好，但吃一堑，长一智，下次我就知道怎么做了。"这样的自我鼓励，能帮你重拾信心。

羞愧感虽然看似沉重，但我们要无畏羞愧感，打破对这种情绪的偏见。事实上，我们可以从错误中吸取教训，这有助于我们接受自己的不完美，同时也给我们提供了前进的动力。

情绪大解密：揭秘情绪背后的真实原因

情绪背后往往隐藏着更深层的含义，它们是我们心灵的镜子，反映了我们的需求和状态。然而，很多时候我们可能并不完全了解为何会产生某些情绪。

情绪有四大影响因素：

1. 生理因素：身体的语言

疲劳：你是否有过这样的经历，在熬夜后的第二天，感觉整个世界似乎都在跟你作对？疲劳不仅会让人哈欠连天，还可能让人心情低落。这是因为身体处于疲劳状态时，大脑里的"快乐使者"——神经递质，比如血清素和多巴胺，它们的含量会下降，从而导致情绪调节的天平发生倾斜。

饥饿：饿得肚子咕咕叫的时候，是不是看谁都不顺眼？那是因为血糖水平下降，大脑的能量供应不足，情绪控制能力也跟着打了折扣。所以，下次肚子饿的时候，不妨先吃点小零食，给大脑补充点能量。

疾病：当你感冒或发烧的时候，是不是不愿说话，不想理人？这是因为疾病会导致体内炎症反应加剧，进而释放细胞因子，这些细胞因子会影响大脑中的神经传导物质，导致情绪低落。

荷尔蒙变化：女性朋友们可以回想一下，是不是每个月都有那么几天看什么都不顺眼？

这是荷尔蒙在作怪，荷尔蒙（如雌激素和孕酮）的变化会影响大脑中的神经递质水平，从而影响情绪。因此，女性在月经周期的不同阶段，情绪会因为荷尔蒙水平的变化而产生波动。

睡眠质量：如果你曾经有过那种被闹钟突然吵醒，然后带着一肚子不满开始新一天的经历，那你肯定知道"起床气"是什么。

原本大脑在晚上加班加点地整理一天的记忆，处理情绪，准备第二天的待办事项，可这个重要的"夜间维护"工作因为睡眠不足而被打断，你的大脑就会像没充满电的手机一样，运转迟缓，情绪调节能力也会受到影响。你可能会发现自己的耐心变差，对小事反应过度，甚至莫名其妙地感到焦虑或悲伤。

2.环境因素：氛围的影响力

工作环境：工作环境紧张兮兮的，是不是感觉压力山大？

高压的工作环境会导致应激反应，释放压力激素（如皮质醇），影响情绪调节。而和谐的工作环境则能减少应激反应，提高情绪稳定性。

居住环境：家里乱七八糟的时候，是不是心情也跟着乱糟糟的？

杂乱无章的居住环境会加重心理负担，导致情绪低落。整洁有序的居住环境则有助于减少视觉和心理上的混乱感，从而减少压力感。

社交环境：和朋友家人相处融洽的时候，是不是感觉整个世界都美好了？

社交冲突会导致应激反应，增加压力感，而良好的社交关系则可以提供情感支持和社会归属感，减少孤独感。

自然环境：阳光明媚的日子，是不是心情也跟着灿烂起来？

阳光能够促进维生素 D 的合成，影响大脑中的血清素水平，从而改善情绪。而阴雨天气则会影响光照，降低血清素水平，导致情绪低落。

3. 社会文化因素：情绪的滤镜

文化背景：在一些东亚文化中，人们往往倾向于以内敛的方式处理情绪，因为公开表达强烈的情绪可能会被视为失态或缺乏礼貌。这样的文化背景深刻地影响了人们对情绪的认知框架和表达方式，使得人们在面对喜怒哀乐时，更倾向于选择沉默或含蓄的方式来传达情感。

而在一些西方地中海文化中，情绪的自我控制被视为成熟和理智的象征，人们倾向于在公共场合保持冷静和克制。而在南美一些国家，情绪的自由表达则被看作是活力和热情的体现，人们更愿意在社交场合中展现自己的真实情感，无论是喜悦还是悲伤，都毫不掩饰地与他人分享。

社会期待：以性别角色为例，在许多社会中，男性常常被期待展现出坚强、无畏的一面，即使内心感到脆弱或恐惧，也要努力隐藏，以免被视为"软弱"。这种期待往往导致男性在面对压力或挑战时，选择独自承受，而非寻求帮助或表达感受。

相比之下，女性则常常被期待展现出温柔、体贴的一面，并且被鼓励表达情绪，这种社会期待促使女性更倾向于开放地谈论自己的感受，寻求情感上的支持和共鸣。然而，这也可能带来一定的压力，使女性在某些情况下不得不迎合这一期待，即使这并不符合她们真实的内心体验。

媒体影响：在当今这个信息爆炸的时代，我们的大脑像海绵一样，吸收着来自电视、电影、社交媒体上的海量信息，这些内容不仅塑造了我们对世界的看法，也影响了我们的情绪反应。

比如，社交媒体上展示的那些往往是经过精心策划的生活瞬间，可能会让我们与自己的生活进行对比，从而产生"我的生活怎么这么平淡"的感觉。这种社会比较，虽然很多时候是无意识的，但确实能影响我们的心情。

4. 个人经历：过去的回声

童年经历：如果小时候的家庭环境中经常发生争吵，那么你长大后可能会对任何冲突都格外敏感，就像心里有个警报器，一有风吹草动就响个不停。这是因为童年的那些经历，悄悄塑造了你处理情绪的方式，让你在相似的情境下，情绪反应尤为强烈。

创伤经历：曾经遭遇过重大创伤的你，每当遇到类似的情境，心里就像被重新揭开了一道伤疤，疼痛难忍。这些创伤经历，让你在面对类似的情况时，应激反应特别强烈，有时候甚至会影响到你的日常生活。

失败经历：失败会让你的心情变得阴沉，你可能会开始怀疑自己，从而感到沮丧和失落。

成功经历：当然，生活中也有一些让人心花怒放的时刻。比如，当你终于完成了那个看似不可能的任务，或者赢得了那个梦寐以求的奖项时，那种自豪感简直能照亮整个世界。

人际关系：人与人之间的关系，就像是心底的暖流和寒风。一段美好的友情或爱情关系，就像是一杯热茶，温暖着你的心房，让你感到幸福和满足。而一段不愉快的关系，则像是一阵寒风，吹得你心烦意乱，增加你的压力感。

案例分析

张明是一名软件工程师，在一家竞争激烈的公司工作，这家公司以产品快速迭代和高强度的工作文化著称。最近几个月，由于一个重要项目的截止日期日益临近，张明和他的团队成员几乎每天都加班到深夜。长时间的高强度工作让他感到身心俱疲，每天早上醒来就觉得疲惫不堪，到了下午更是感觉精力不足，整个人处于一种持续的焦虑状态。

张明原本是个充满活力的人，喜欢在业余时间打篮球，但现在为了完成任务，连周末都投入了工作中，一心想着完成工作后再去放松。然而，他发现自己的脾气变得越来越暴躁，偶尔会对家人发火，事后又感到愧疚。晚上，他躺在床上辗转反侧，脑海中反复出现的都是未完成的工作任务和可能存在的代码 bug，这使得他的睡眠质量严重下降，第二天更是无精打采。

慢慢地，张明发现自己除了身体上的疲惫，还感到压力像山一样矗立在眼前，让他喘不过气来。他担心项目无法按时交付，害怕因此失去这份工作，甚至对未来的职业发展产生了怀

> 疑。这种不确定性和持续的高压状态，让他陷入了深深的焦虑之中，每天都在这种无尽的循环中挣扎，看不到出路。

通过张明的故事可以看出，张明不是一个擅长情绪管理的人，首先，他在长期高压下工作，身体已经向他发出了疲劳的信号，提醒他需要休息，但他没有采取任何改善措施。以前，他还会通过打篮球来缓解压力，但这次他却选择继续无休止地工作，长期的高压环境导致他的心理负担越来越重，而他的公司又视高强度的工作为常态，让他难以表达出自己的不满，最终，他陷入了负面情绪的旋涡。

第三章
情绪表达:
说出你的感受

轻松表达情绪：找到合适的表达方式

在日常生活中，无论是与朋友的欢笑，还是与亲人的泪水，每一次情绪的流露都是我们真实自我的体现。但情绪的表达并不总是那么容易，有时我们需要找到合适的方式，才能让内心的声音被外界听见。

那么怎样才能找到合适的表达方式呢？下面有几种方法，你不妨尝试一下：

1. 直接沟通：勇敢说出你的感受

直接沟通是表达情绪最直接、有效的方式之一。在适当的时候，勇敢地告诉对方你的感受，可以增进彼此的理解和信任。例如，当你感到失望时，可以直接说："我感到有点失望，因为原本期待的事情没有发生。"这样的表达既清晰又直接，能够让对方明白你的情绪状态，并有机会给予回应或支持。

但在情绪高涨或冲突激烈时，直接沟通可能会激化矛盾。因此，在表达情绪之前，务必先冷静下来，确保自己的言辞不会过于冲动或伤人。同时，也要充分尊重对方的感受，避免在对方忙碌或情绪不佳时提出敏感话题。

2. 非言语表达

非言语表达是一种极具表现力的情绪传达方式，它包括肢体语言、面部表情和眼神交流。这些非言语信号往往能够微妙地传达出我们的真实感受，有时甚至比言语更具说服力。例如，一个简单的微笑可以表达快乐和满意，而紧锁的眉头可能表示担忧或不满。

然而，非言语表达也同样需要注意适度。过度的非言语表达可能会让人感到不适或产生误解，甚至可能引发冲突。因此，在运用非言语表达时，要密切关注对方的反应，及时调整自己的表达方式。

3. 日记记录：将情绪化为文字

日记记录是一种私密的情绪表达方式，它允许我们将情绪以文字的形式记录下来。这种方式不仅可以帮助我们更好地理解自己的感受，还可以提供一个释放情绪的出口。在日记中，你可以自由地表达自己的感受，无论是快乐、悲伤还是愤怒。

日记记录的实践方法包括：

（1）选择一个安静的时间和地点，确保不会被打扰。

（2）写下当天发生的事情以及你的感受。

（3）尝试使用丰富的词汇来描述你的情绪，这有助于你更精确地理解自己的感受。

案例分析

李明性格内向，平时不善言辞，对于自己的情绪总是选择默默承受，从不轻易向他人展露。最近，他所在的项目组遇到了一系列技术难题，导致项目进度严重滞后。每次团队会议时，他虽然心里有很多想法，但总是担心自己的意见不会被采纳，甚至会遭到批评。因此，每次开会时，他都选择沉默不语，只是默默地听着其他人的讨论，即使他非常不认可别人的解决办法，但怕与他人起冲突，便选择了压抑在心底。

一次，李明终于鼓起勇气，在团队会议上提出了自己的看法："我觉得目前的设计方案存在一些问题，我们可以考虑另一种方法。"然而，当他表达完自己的意见后，却没有人回应。同事们继续讨论原有的方案，仿佛根本没有听见他的声音。李明感到非常失望，从此更加不愿意在会议上发言。

有一次，项目组的一位同事在工作中犯了一个明显的错误，李明虽然心中不满，但只是皱了皱眉头，并没有直接指出问题。这位同事没有察觉到李明的情绪变化，依然按自己的方式工作。

李明的不满逐渐积累，他尝试过写日记来做记录，可每次写下几行文字后，他就觉得毫无意义。由于长期压抑自己的情绪，他的工作效率明显下降，甚至开始对工作失去了热情。

李明的沉默并没有给他带来任何好处，反而让他付出了沉重的代价。他原本希望通过沉默来避免冲突和误解，结果却让问题变得更加复杂，最终导致了他工作效率的下降以及与同事关系的疏远。

因此，不论什么样的情绪，都不该被压抑，如快乐、难过、悲伤，都需要适当地表达出来，这样，我们才能更好地工作和生活。

使用幽默感：用笑声化解尴尬与焦虑

在心理学上，幽默被视为一种积极的应对策略，能够帮助个体在面对压力、冲突或失败时更好地保持心态的平衡。

在情绪紧张时，幽默可以在紧张的气氛中制造轻松的氛围，让大家都放松下来。比如，你马上就要在众人面前开始演讲，但你的心跳加速，手心冒汗，这时候，开个小玩笑，可以自嘲一下自己的紧张："我今天带来了两颗心脏，一颗在我的胸腔里，另一颗在我的喉咙里。"这样的幽默可以让大家包括你自己都放松下来，气氛一下子就轻松了。

此外，幽默感还能成为我们与他人之间沟通的桥梁。当你以幽默的方式去回应别人的调侃或批评时，不仅能展现出你的自信和从容，还能增进彼此之间的了解和友谊。比如，当朋友开玩笑说你胖了时，你可以笑着回应："是啊，我最近在练习'横向发展'，争取早日成为一个'宽厚'的人！"这样的回答不仅化解了尴尬，还让对方感受到了你的幽默和风趣。

幽默感能帮助我们换个角度去看待问题，使我们不再那么钻牛角尖。比如，当你因为堵车而迟到，被上司批评时，你可以自嘲地说：

"看来我今天是和马路谈了一场不分手的'恋爱'啊！"这样的自嘲不仅能让气氛变得轻松，还能让你从尴尬中解脱出来。

案例分析

　　李明虽然工作能力强，但他十分害怕在公众场合发言，因为心里总是担心会出错。年终时，他被评为优秀员工，需要在年终总结大会上发言，这对于李明来说，无疑是一次巨大的挑战。

　　在准备阶段，李明反复练习，但每次模拟演讲时都会因为紧张而忘词或语无伦次。眼看大会临近，他的焦虑情绪愈发严重。

　　就在大会当天，李明上台前，不小心绊倒在台阶上，全场顿时陷入一片寂静，气氛瞬间变得尴尬而紧张。李明也非常慌乱，脸涨得通红，但他不能就此结束，只好迅速调整心态。他整了整衣裳，笑着说："看来，我给大家准备的开场白太精彩了，连我自己都迫不及待地想要早点开始，结果不小心给大家来了个即兴的开场预热。"

　　台下听众被李明的幽默逗笑，紧张的气氛瞬间被笑声取代。随后的演讲中，李明依然紧张，但他时不时穿插一些轻松幽默的语句，不仅缓解了自己的焦虑，也让听众在轻松愉快的氛围中听完了他的演讲。

李明在关键时刻不慎绊倒，这本来是一个非常尴尬的情况，很容易让场面变得非常紧张，也可能会让害怕在公众场合发言的他陷入负面情绪之中，无法顺利完成演讲。但他通过自嘲，缓解了紧张的气氛，不但重建了自己在演讲台上的信心，也让听众对他的演讲有了更多的期待。

也正是因为李明巧妙运用幽默的话语吸引了听众的注意力，才能让他们更加专注于演讲内容，而不是他的紧张情绪。

那么在日常生活中，要如何实践用幽默感化解尴尬和焦虑呢？

1. 把握时机

在适当的时机使用轻松的玩笑与自嘲，避免在严肃或敏感的场合讲笑话，以免造成误解。

这种幽默方式要求我们具备敏锐的观察力和判断力，能够准确捕捉对话中的微妙变化，及时插入一句轻松幽默的话语，来打破沉默或尴尬的局面。例如，在朋友聚会中，如果某人不小心打翻了酒杯，此时，一句"看来我们的聚会需要一点'湿润'的气氛啊！"就能立即引发笑声，化解尴尬。

2. 确保无害

确保玩笑与自嘲不会伤害到任何人，避免涉及敏感话题或个人隐私。

例如，在一次演讲中，如果因为紧张而忘记了某个要点，可以自嘲地说："看来我的记忆力今天休假了，不过没关系，让我们继续探讨这个有趣的话题。"

3. 适度幽默

使用适度的幽默与自嘲，避免过度使用，以免让人感到厌烦或显得不够专业。

要根据场合和人群的特点，灵活调整幽默的程度和频率，可适时自嘲地说："看来我今天有点不靠谱。"

4. 生动讲述精选故事

在讲述幽默故事时，我们应注意故事的真实性与适宜性。虽然虚构的故事也能引发笑声，但基于真实经历的幽默更能触动人心，令人产生共鸣。同时，我们应确保故事的内容符合社交场合的氛围与听众的喜好，避免触及敏感或争议性的话题。

通过上述实践方法，我们可以充分利用幽默感来增强社交互动，减少负面情绪的影响。一个充满欢笑与幽默的社交环境，不仅能够提升个体的幸福感与满足感，还能促进人际关系的健康发展。

情绪小剧场：角色扮演来释放情感

情绪小剧场是一种创新的情绪管理方式。它通过角色扮演的形式，让我们能够在一个安全的环境中自由地探索和表达自己的情绪，而不必担心他人的评判或指责。

这种方法基于心理学中的"镜像神经元"理论，该理论指出，当我们观察或模仿他人的行为时，我们的大脑会镜像式地反映这些行为，从而让我们能够理解和体验他人的情绪。通过角色扮演，我们能够突破个人经验的局限，进入他人的情感世界，从而更全面地理解和表达情绪。

当你心里憋着一股气难以释放时，角色扮演就是你的解压阀。比如，你可以在家里找个角落，扮演一个遇到同样问题的虚构人物，大声说出你的烦恼。就像把沉重的包袱扔进垃圾桶一样，说出来后，你会发现自己轻松许多。

当你对自己的情绪感到困惑时，你可以尝试扮演一个角色。比如一个刚刚失去宝藏的海盗，通过他的故事去体验和理解失去、愤怒或希望等情绪。

当你和朋友或家人聊天时，如果总是聊那些日常琐事，是不是觉得有点无聊？试试角色扮演，让聊天变得有趣起来。比如，你们可以一起扮演电影里的角色，用角色的身份来聊天，这样不仅能增进对彼此的了解，还能在轻松的氛围中说出平时不会说的话。

案例分析

李阿姨坐在她那张略显陈旧的沙发上，手里拿着一本泛黄的相册，边翻边思念她去世的丈夫。翻完相册后，她站起身来，走到衣柜前，从里面拿出一条年轻时穿过的碎花连衣裙。这条裙子虽然已经有些年头了，但李阿姨依然记得穿上它时的那份喜悦和自信。她小心翼翼地穿上裙子，站在镜子前，开始仔细地打量自己。

"这是我吗？那个曾经充满活力，对未来满怀憧憬的少女？"李阿姨对着镜子里的自己轻声问道。她的声音中带着一丝颤抖，但更多的是对过去的怀念和对现在的接纳。

接着，她扮演起了年轻的自己，想象着自己正站在一片盛开的花海中，微风拂过，花香四溢。她闭上眼睛，深深地吸了一口气，仿佛真的感受到了那股清新的花香。

"嗨，年轻的我，你好吗？"李阿姨对着镜子里的自己微笑着说道。她的语气中带着一丝温柔和鼓励，仿佛是在与过去的自己进行一场跨越时空的对话。

"我知道你现在很孤独，但请相信，生活总会有转机。你要坚强，要勇敢地面对这一切。"李阿姨继续说道。她的眼神变得坚定而有力，仿佛真的看到了未来的希望。

在角色扮演的过程中，李阿姨开始回忆与老伴共度的美好时光。她想起了那些两人一起散步、一起做饭、一起看电视的日子，心中涌起一股暖流。她对着镜子里的自己诉说着这些珍贵的回忆，仿佛老伴就在身边陪伴着她，她的眼中虽然闪着泪花，但心里充满了对未来的坚定信念和勇气。

从李阿姨的故事中可以看到，李阿姨因为老伴去世而深感孤独，这份孤独让她内心深处渴望被关怀，于是她通过扮演年轻时的自己，与过去的自己进行了一场跨越时空的对话。她不仅回忆与老伴共度的美好往昔，还满怀希望地展望未来，用充满鼓励的话语安慰自己，给予了现在的自己无尽的支持和力量。

角色扮演是一种心理疗法，当我们想尝试这种方法时，可以参考以下几个步骤：

1. 设定情境：想象生活大舞台

选择一个你近期经历或可能遇到的情境，这个情境可以是你感到困惑、焦虑、兴奋，或任何其他强烈情绪的场合。

详细描述这个情境，包括时间、地点、人物，以及你当时的情感状态。确保情境描述足够具体，这样能够激发你的情绪反应。

2. 角色扮演：成为别人，理解自己

在这个情境中，你既是主角也是观察者。你需要给自己设定在情境中的具体角色，比如一个正在面试的求职者、一个与家人争吵的孩子、一个庆祝成功的创业者等。

尝试从角色的角度出发，想象自己在这个情境中的感受、想法和行为。让自己完全沉浸在角色中，仿佛你真的在经历这个情境。

3. 情绪表达：说出你的感受

在设定的情境中，开始扮演你的角色，并自由地表达你的情绪。可以通过言语、肢体动作、面部表情等方式来展现你的情感状态。

在扮演过程中，记录下你的情绪变化、身体反应，以及任何与情境相关的想法或感受。

4. 自我反思

思考你在这个情境中的情感需求是什么，比如被理解、被支持、被认可等。这有助于你更好地理解自己的情感世界。

基于自我反思的结果，逐步练习提升你的情绪表达技巧，然后将所学的情绪表达技巧应用到日常生活中，让我们更好地理解和表达自己的情绪。

与他人分享：情绪交流的乐趣

与他人分享情绪，不仅仅是一种简单的社交行为，它更是一种深刻的人际联结方式，能够极大地增进人与人之间的理解和支持。

分享情绪的多维度价值如下：

1. 增进理解

当你经历了一次令人沮丧的失败，向一个亲密的朋友倾诉你的感受时，朋友会在倾听的过程中，尝试站在你的角度去感受你的痛苦，并给予你理解和同情。这种情感的共鸣和理解，让你感到不再孤单，也促使你开始反思自己的行为和态度。同样，当你倾听朋友分享他们的经历时，你也会尝试去理解他们的感受，从而拓宽了你的认知视野，让你学会了从更多的角度看待问题。

2. 获得支持

当你面临一个艰难的决策或是一段困难的时期时，你可能会感到无助和迷茫。这时，向家人或朋友分享你的困扰，你可能会得到他们的建议、鼓励或陪伴。他们可能会提供一些实用的建议，帮助你厘清思路；或者仅仅是陪伴在你身边，让你感到不再孤单。

3. 增强关系

当你愿意向他人敞开心扉，分享自己的喜怒哀乐时，实际上是在向对方表达信任和依赖。这种情感的流露能够拉近人与人之间的距离，增强彼此之间的亲密感和归属感。例如，当你与伴侣分享你的快乐和悲伤时，你们之间的情感联系会更加紧密；当你与朋友分享你的梦想和追求时，你们之间的友谊也会更加深厚。

案例分析

小丽的婆婆最近生病住院了，丈夫小李在外地出差，家里只有她和婆婆两个成年人，孩子还在读小学。婆婆这一病，她不得不在工作和家庭之间来回奔波，这让她感到身心俱疲。

在一次午饭聚餐中，她的同事询问她最近是不是发生了什么事，因为看到她的情绪很不好，每天都愁眉苦脸的。小丽听了同事的关心询问，眼圈儿立刻就红了，她忍不住讲述了自己最近因家庭问题而感到困扰的情况，将这段时间的辛苦和焦虑倾诉了出来。同事们听到后，纷纷放下筷子，认真倾听，并表示理解和支持。

同事老张拍了拍小丽的肩膀，温和地说："我们都有自己的家庭问题，如果你需要帮忙，随时告诉我，无论是接送孩子还是去医院看望老人，我都可以帮你。"另一位同事小王也接着说："我们可以一起分担一些工作，这样你就有更多时间可以处理家庭的事情。比如，我可以帮你处理一些文件，或者在你外出的时候替你接听一些电话。"

听到这些话，小丽感激地说："谢谢你们的理解和支持，真的让我感到非常温暖。这段时间确实很辛苦，但我一定会努力克服的。"同事们纷纷点头，表示愿意在小丽有需要的任何时候伸出援手。

这次聚餐结束后，小丽觉得连日来压抑的心情突然变得明朗了，身心也重新焕发了力量。

从小丽的故事里我们可以看到，同事们通过小丽的分享，了解了她的处境和感受，相互之间的理解和支持因此得到了增强。而且，同事们的支持让小丽感到温暖，减轻了她的心理负担，增强了她的心理韧性，她和同事之间的信任和依赖得到了加深，关系也变得更加亲密。

因此，我们要学会与他人分享我们的情绪，具体实践策略可参考如下几点：

1. 选择合适的分享对象

情绪分享的第一步是找到合适的分享对象。这个对象可以是亲密的朋友、家人，也可以是专业的心理咨询师。关键在于对方是否具备倾听的意愿、理解的能力，以及与我们之间的情感联结程度。一个愿意倾听、理解并支持我们的人，将是最佳的分享对象。

2. 明确分享的目的

在分享情绪之前，我们需要明确自己的目的。是为了寻求安慰、获得建议，还是仅仅为了倾诉以释放内心的压力？明确目的有助于我们更好地控制分享的内容和方式，确保情绪交流的有效性。

3. 掌握分享的技巧

情绪分享并非毫无顾忌地倾诉，而是需要掌握一定的技巧。首先，我们要学会用恰当的语言表达自己的情感，避免使用过于模糊或极端的表述。其次，我们要注意分享的节奏和深度，避免给对方带来过大的心理负担。最后，我们还要学会倾听对方的反馈，及时调整自己的分享方式。

4. 处理可能的负面反应

尽管我们期望得到他人的理解和支持，但实际情况可能并不总是尽如人意。有时，我们的分享可能会遭遇对方的误解、质疑，甚至批评。面对这种负面反应，我们需要保持冷静和理智，尝试从对方的角度理解其立场和感受。同时，我们也要学会保护自己的情感边界，避免受到不必要的伤害。

请不要害怕分享你的情绪。找一个安静的地方，邀请一位愿意倾听的朋友，开始这场心灵的对话。你会发现，分享情绪不仅能让你感到轻松，还能让你的生活变得更加丰富多彩。

🎨 绘画情绪：用艺术表达你的感受

艺术自古以来就是人类情感交流的桥梁。无论是古老的壁画、雕塑，还是现代的绘画、摄影，艺术作品总能以其独特的视觉语言和丰富的表现力，触动人心，引发共鸣。绘画作为艺术的一种重要形式，更是以其直观性、象征性和创造性，成为了人们表达情绪、探索自我、理解世界的重要途径。

在绘画的世界里,色彩、线条、形状等视觉元素被赋予了深刻的情感内涵。明亮的色彩往往象征着欢乐、希望与活力,而暗淡的色调则可能表达着忧郁、悲伤或沉思。线条的流畅与曲折,形状的规则与变形,都在无声地诉说着画家的心境与情感。

对于许多人来说,绘画不仅仅是一种兴趣爱好,更是一种自我疗愈的方式。在创作的过程中,人们通过精心选择色彩、构图和主题,无意识地表达了自己内心的情感状态。这种表达不仅有助于释放负面情绪,还能促进自我反思,加深对自我情感的理解和接纳。

案例分析

小红是一位年轻的职场新人,在一家知名企业担任市场策划的职务。虽然入职不久,但她凭借自己的努力和才华迅速赢得了同事们的认可。然而,最近的一次项目策划中,由于经验不足,她在一项重要的市场调研中出现了严重的误判,导致公司损失了一部分客户资源。这次失误不仅影响了项目的进度,也让小红陷入了深深的自责之中。

她的世界仿佛变得灰暗起来,每晚辗转反侧难以入眠,白天则无精打采,失去了往日的热情与活力。一次,她翻出了大学时期留下的画册,那些曾经随手涂鸦的画页勾起了她久违的艺术情怀。于是,她决定拿起画笔,希望通过绘画来抒发心中的苦闷。

起初，她画的线条杂乱无章，就像是她心中纷乱的思绪。最终，她画了一个人影孤独地站立在一片灰暗之中，四周没有一丝光亮，只有几道淡淡的阴影投射在地面上。她静静地看着自己的画，突然觉得画中的那个身影虽然孤单，却并没有放弃希望，而是坚定地站立在那里，等待着第一缕阳光的到来。

小红感觉心里轻松了许多，她开始积极寻求解决问题的方法，并向同事们道歉，请求给予她改正错误的机会。随后，她利用业余时间参加了几门线上课程，提升了自己的专业技能，最终又重新获得了大家的认可。

小红通过绘画，将内心的失落情绪通过画面表达出来，使自己的情绪得到了释放。再通过观察自己的作品，她看到了自己内心的失落状态，从而更好地理解了自己的情绪。最后，她在自己的画作中获得了力量，并重新打起精神来面对难题。

绘画作为一种非言语的表达方式，既能展现我们的内心世界，又不必担心被误解。那么，应该如何用绘画表达情绪呢? 以下是一些具体的步骤和技巧，可以帮助你通过绘画来表达白己的情绪：

1.选择媒介和材料

首先，选择你感兴趣的绘画媒介，如彩色铅笔、水彩、油画或丙烯颜料。不同的媒介会带来不同的情感表达效果。例如，水彩的流动性可能适合表达柔和或流动的情绪，而油画的厚重感可能适合表达强烈或深沉的情绪。

2.找到适合的空间

选择一个安静的环境和舒适的座位，让自己可以全身心地投入绘画中。

3.放松和准备

在开始绘画之前，尝试做一些放松练习，如深呼吸或冥想，以帮助你清除杂念，更加专注于内心的情感。创造一个舒适的绘画环境，确保你有充足的时间和空间来专注于创作。

4.让情绪引导你

不需要遵循固定的模式或主题，随心所欲地画出自己的感受即可。可以是抽象的线条、色块，也可以是具体的形象。不要担心最终作品所呈现的样子，让自己的情绪成为创作的唯一向导。在选择颜色、形状和线条时，应考虑哪些最能代表你当前的感受。

（1）色彩是情绪的直接反映。暖色调（如红色、橙色、黄色）通常传达兴奋、温暖和活力；冷色调（如蓝色、绿色、紫色）则往往与平静、忧郁或神秘感相关联。选择与你当前情绪相匹配的颜色，可以让画作更加贴近你的内心感受。

（2）构图可以反映你的心情状态。杂乱无章的构图可能暗示混乱或不安；而对称、平衡的构图则可能传达和谐与平静。此外，形状的选择同样重要，圆形和曲线往往给人柔和、温暖的感觉，而尖锐的角则可能象征紧张或冲突。

（3）线条的粗细、流畅度，以及笔触的轻重都能传达不同的情绪。例如，快速、有力的笔触可能表示激动或紧张；而柔和、细腻的线条则可能表达温柔或宁静。可以尝试用不同的线条和笔触来模拟你内心的情感波动。

当你画完以后并欣赏自己的画作时，如果能发出"这就是我今天的心情"的感慨，那么这幅作品便是你情感表达的最佳见证。

　　绘画是一种极具个人化的表达方式，没有固定的规则。最重要的是，放松心态，让画笔成为你情感的延伸，自由地在画布上探索你的内心世界。

音乐的疗愈：通过旋律舒缓情绪

　　在人类文明的长河中，音乐一直被认为是一种神奇的语言。从原始社会的祭祀仪式到现代社会的休闲娱乐，音乐无处不在，以其独特的魅力抚慰着人们的心灵。

　　音乐不仅好听，它还能帮助我们调节情绪。科学家们发现，音乐能直接和我们的大脑对话，特别是那些负责情绪处理的大脑区域。比如，当我们听到快节奏的歌曲时，我们可能会不自觉地跟着节奏摇摆，感到心情愉快；而那些轻柔的旋律则能让我们感到放松，就像在进行一场心灵的按摩。

　　假设一下，当你在厨房里忙碌时，耳边响起了轻快的曲子，你是不是感觉做饭也变得有趣了呢？或者，当你被一天的忙碌压得喘不过气时，听一首你喜欢的歌就能瞬间驱散疲惫，甚至不由自主地跟着哼唱起来。

　　音乐的疗愈力量对于每个人来说都是不同的。有些人可能会在悲伤的时候听一些慢歌来寻求心灵的慰藉，而有些人则需要那些激昂的旋律来给自己振奋精神。

而且，这种情绪调节机制不仅适用于普通人，对于患有特定情绪障碍的患者，如抑郁症和焦虑症患者，同样具有显著的疗效。

案例分析

小刚是一名热衷于徒步旅行的爱好者，然而，一次意外的受伤让他不得不暂时告别了心爱的徒步活动。医生建议他至少休息一个月，这对他来说无疑是个巨大的打击，在家休养的日子里，小刚感到非常失落和沮丧。

一天晚上，小刚躺在床上，翻来覆去难以入睡。他打开床头柜上的小音箱，播放起自己收藏多年的音乐播放列表中的音乐。一首经典摇滚歌曲开始缓缓响起，其中有几句歌词 "Rising up back on the street……now I'm back on my feet"（站起来，回到街上……现在的我凭自己的力量再次站了起来），这些歌词仿佛是专门为他写的，每一句都在鼓励他不要放弃，要坚持下去。

小刚闭上眼睛，随着音乐的节奏轻轻摇摆。他想起自己从第一次踏上山径到成为一名热爱徒步的旅行者的每一步历程，想起了无数个在山林中漫步的日子，这一切的努力难道就是为了这一刻的放弃吗？

歌曲播放完毕，小刚感受到了一种前所未有的力量涌上心头，他决定在养伤期间，通过学习更多的摄影技巧和研究新的徒步路线来充实自己。他还打算制订一份详细的康复计划，以便尽快恢复健康。

几个月后，小刚的脚踝完全康复了。他迫不及待地背上行囊，踏上了新的旅程。当他再次站在熟悉的山路上时，耳边仿佛又响起了那首歌的旋律，他感到自己比以前更加坚强了。

音乐的旋律和节奏让小刚从"翻来覆去"的状态到逐渐放松，而歌曲的歌词让他产生了强烈的共鸣，也让他汲取到了积极的能量，帮助他重拾了信心，令他从失落和沮丧的阴霾中走了出来。相信小刚在以后的日子里，每当遇到挫折时，都会想起那首歌，然后他会立刻充满力量，继续前行。

通过音乐疗愈情绪是一种古老而有效的方法，以下是一些通过音乐疗愈情绪的具体方法：

1.选择适合的音乐

（1）根据情绪选择

当感到焦虑或紧张时，选择柔和、缓慢的音乐，如古典音乐中的某些悠扬片段或自然声音音乐，有助于降低心率和呼吸频率，减轻紧张感。

当心情低落或抑郁时，选择欢快、积极的音乐，如流行音乐中的励志歌曲或节奏明快的音乐，可以提振心情，增加活力。

（2）根据个人喜好选择

选择自己喜欢的音乐类型，无论是流行、摇滚、爵士还是古典，只要它能触动你的心灵，引发共鸣，就是适合你的音乐。

2. 聆听与感受

在一个安静的环境中，关闭手机及其他干扰源，专注地聆听音乐。让音乐成为你此刻的唯一焦点，感受它的每一个音符和每一段旋律所带来的心灵慰藉。

允许自己沉浸在音乐所营造的情感氛围中。不要刻意去分析或评判，而是让音乐自然地触动你的情感，引发共鸣。

随着音乐的节奏和旋律，想象自己置身于一个美好的场景中，如海边、森林或山顶。让音乐引领你的思绪，享受这份宁静与自由。

或者，跟随音乐的节奏进行敲击或舞动，让自己的情绪随着音乐宣泄而出。

3. 演奏与歌唱

如果你擅长某种乐器，不妨亲自上手演奏一曲。

而唱歌就更简单啦，不管你唱得怎么样，找一首你钟爱的歌曲，无论是激昂的摇滚、深情的民谣，还是悠扬的流行曲，大声地唱出来，或是静静地跟着旋律哼唱。

通过这些方法，音乐可以成为你情绪管理的有力工具。记住，每个人的音乐品位和疗愈需求都是独特的，音乐疗愈没有固定的规则，关键是找到那些能让你感到放松、快乐和满足的旋律。

第四章
情绪调节：
掌握自己的情绪舵

🎈 深呼吸的魔法：让身体放松，情绪平复

深呼吸，即有意识地延长吸气、呼气的时间，使呼吸变得深长而缓慢。这一行为看似简单，实则涉及了人体多个系统的协同作用，能帮助我们迅速放松身体，平复波动的情绪。

为什么深呼吸能帮助我们放松身体呢？

1. 深呼吸可以改善生理反应

当我们感到紧张或焦虑时，通常会出现心跳加快、血压升高和呼吸急促等现象。这些生理反应是由交感神经系统激活所引起的"战斗或逃跑"反应。深呼吸能够激活副交感神经系统，帮助我们进入一种放松的状态，从而减缓心跳、降低血压、放松肌肉，并减少应激激素（如肾上腺素）的分泌。

2. 深呼吸可以促进心理平衡

当我们深呼吸时，氧气供应增加，大脑和身体得到更多的氧气，这有助于提高我们的警觉性和注意力。此外，深呼吸还能够帮助我们转移注意力，从焦虑或烦恼的事物中抽离出来，从而达到一种心理上的平衡。

3. 深呼吸可以促进自我觉知

当我们深呼吸时，需要将注意力集中在呼吸上，这有助于我们更好地觉知自己的身体和情绪状态。

案例分析

近期，陈林的一个重要项目出现了延误，他不得不面对来自上级和客户的双重压力。一次关键的会议中，由于准备不足，陈林在汇报时出现了明显的失误，这让一向严谨认真的他感到非常焦虑。会议结束后，他回到办公室，坐在工位上，心里充满了自责和不安，整个人都显得心慌意乱，无法集中精力处理手头的工作。

为了缓解这种紧张的情绪，陈林放下手中的文件，闭上眼睛，慢慢地、深深地吸气，然后缓缓地呼出。他将注意力集中在每一次的呼吸上，感受空气从鼻孔进入，经过喉咙，进入肺部，再从鼻孔或嘴巴缓缓排出。

随着几次深呼吸地进行，陈林渐渐感到心跳放缓，原本紧绷的肩膀也逐渐放松下来。他的心情开始变得平静，焦虑的情绪也有所缓解。这一刻，他暂时从工作的压力中抽离出来，给自己的大脑提供了一个短暂的休息时间。

几分钟后，当他再次睁开眼睛时，发现自己的注意力明显变得更加集中了。他拿起笔，开始梳理当前项目中存在的问题，并逐一列出解决方案。随着思路逐渐清晰，陈林感到自己的信心也在慢慢恢复。

当天下午，陈林主动联系了项目的相关人员，共同讨论了接下来的行动计划，并获得了大家的支持。

从陈林的案例中我们看到,深呼吸对于处于心慌意乱和焦虑状态的人来说,具有显著的效果。它能够帮助人们集中分散的注意力,将杂乱的思绪整理清晰,为混沌的大脑提供一个短暂的休息时间。这个过程就像给大脑输送氧气一般,让思路变清晰,最终找到解决问题的方法。

那么,我们要如何通过深呼吸来做到身体放松、精神集中呢?可参考以下几种方法和步骤:

1. 深呼吸的方法

腹式呼吸:腹式呼吸是深呼吸的一种常见形式。在腹式呼吸中,我们主要依靠腹部肌肉的收缩和放松来推动呼吸地进行。

具体做法:坐直或躺平,放松肩膀和上背部,一只手放在腹部,另一只手放在胸部。吸气时,腹部隆起,手随之上升;呼气时,腹部下降,手随之下降。注意保持呼吸的深长和平稳,避免过快或过慢。

4-7-8呼吸法:4-7-8呼吸法是一种简单有效的深呼吸练习方法。

具体步骤:吸气4秒,屏息7秒,呼气8秒。这个练习可以重复多次,每次练习之间可以稍作休息。4-7-8呼吸法通过延长屏息和呼气的时间,能够进一步促进身体的放松和情绪的平复。

2. 需要做深呼吸的场景

当你感到工作压力大、焦虑时,可以通过深呼吸来迅速恢复平静。

当你面对冲突或紧张情况时,比如在会议中因意见不合而导致气氛变得紧张,就可以利用深呼吸,让自己冷静下来,然后理性地处理冲突。

当你夜晚躺在床上,因为白天的忙碌而难以入睡时,可以进行深呼吸练习，从而帮助你放松身体，放慢心跳，带你进入甜美的梦乡。

当你早上或者傍晚跑步后，进行深呼吸，可以让你在运动后感到更加轻松，减少疲劳感。

深呼吸是一种简单而有效的放松技巧，我们不妨多利用这一"魔法"，让身心得到更好的滋养和恢复。

🎙 小动作，大变化：运动提升情绪的秘籍

你是否曾在跑步结束后，感受到一种莫名的轻松与愉悦？你是否曾在打完一场球后，发现自己的心情变得更加畅快？你是否曾在完成一次瑜伽练习后，感觉全身的紧张都随之消散？

科学研究证实，适量的运动不仅能够强健体魄，还能对情绪产生积极的影响。

运动让人快乐。因为运动可以促进身体分泌多种神经递质，如多巴胺、内啡肽和血清素等，这些化学物质常被称为"快乐荷尔蒙"。多巴胺的释放可以引发愉悦感，当我们的心情愉悦了，幸福感自然而然就提高了；如果我们的身体遭遇疼痛与不适，心情难免蒙上阴影，而内啡肽则如同一位温柔的抚慰者，有助于减轻疼痛并缓解压力，让我们的心灵重归宁静与平稳；血清素则有助于调节睡眠和食欲，让我们可以睡得香，吃得舒服。

那么，我们该如何通过运动提升情绪呢？具体可参考如下的步骤

和方法：

1. 选择适合自己的运动方式

找到一项你喜欢的运动，无论是跑步、游泳、瑜伽还是骑行。一定要做自己喜欢的运动，因为这样更容易坚持下去，同时也能给你带来更多的乐趣和满足感。

2. 制定合理的运动计划

为自己设定明确的运动目标，如每周运动三次，每次持续半小时以上。

然后，根据自己的身体状况选择合适的运动强度，避免过度劳累。拿跑步举例，如果以前没怎么跑过步，千万不要初始就跑十千米，而是要从低强度的运动开始，逐渐增加运动量。

此外，还要养成规律的运动习惯，不能三天打鱼，两天晒网，这样不仅无法达到理想的运动效果，还浪费时间和精力。

3. 合理安排运动时间

选择适合自己的运动时间，如早晨、傍晚或周末等。在运动时，要避免在过于饥饿或饱腹的状态下进行，以免影响运动效果和身体健康。

4. 注意运动中的细节和技巧

运动要讲究技巧，否则会伤身伤神。

在我们准备通过运动来提升情绪之前，记得先做一些简单的热身和拉伸动作，给自己的身体一个温柔的提醒："嗨，我们准备动起来了！"热身可以包括轻松的慢跑、跳绳或活动关节等；拉伸则主要针对身体各个部位的肌肉。

保持正确的姿势也很重要，因为错误的运动姿势可能会让我们受伤，所以如果不确定怎么正确进行某项运动，不妨请教一下健身教练，或者在网上找一些教程来学习。正确的姿势不仅能够帮助我们更好地锻炼，还能让我们的运动过程更加顺畅。

在运动时，要记得保持正确的呼吸节奏，因为这样能够帮助我们的身体更有效地获取氧气和排出废物，从而提高运动效果。找到适合自己的运动节奏，让运动成为一种享受，而不是负担。

还要记得随身携带水壶和一些健康的小零食哦！这样就可以在运动过程中及时补充水分和能量，保持体力，让身体始终保持最佳状态。

案例分析

小秦是一名市场营销专员，而小陈则是一名软件工程师，两人在同一家公司工作。

小秦一直保持着良好的运动习惯，每天下班后都会锻炼一个小时。而小陈则是一个典型的宅男，下班后，他更愿意待在家里玩电脑游戏或者看电影。虽然小陈知道运动对身体有益，但他总觉得运动很麻烦，而且他觉得自己工作已经够累了，不想再额外花费时间和精力去锻炼。

有一天，小秦和小陈都被分配到了同一个项目组。项目压力很大，每天都要加班到很晚，大家都感到很辛苦。但小秦每天坚持运动的习惯让他在工作时更加专注，精神状态也非常好，即使加班到深夜，他在第二天仍然能够保持充沛的精力。

相反，小陈在项目开始后不久就感到了明显的疲惫。他经常在会议上注意力不集中，有时还会因为一些小错误而受到批评，他觉得很糟糕，晚上睡不好，白天就很难集中精力，工作效率也因此明显下降。

一天，小秦邀请小陈一起去锻炼，小陈虽然不太情愿，但还是跟着小秦去了。刚开始时，小陈觉得非常吃力，但慢慢地，他发现自己的心情变得轻松了很多，整个人也更有精神了。

从那以后，小陈也开始锻炼，他的身体状况和精神状态也都有了明显的改善。而且在工作中，他也变得更加专注，不再那么容易感到疲惫。

虽然运动需要花费一定的时间和精力，而且运动初期可能会让人感到痛苦，但其所带来的健康益处却远远超过了投入的时间和精力。运动是一种值得长期坚持的健康生活方式。

寻找到你的"情绪舒适区"：建立小小的庇护所

"情绪舒适区"是指那些能够让我们感到平静、满足和快乐的环境、活动或状态。在这个"情绪舒适区"里，我们的压力水平会降低，思维会更加清晰，情绪也会更加稳定，可以暂时远离外面世界的喧嚣。

"情绪舒适区"不仅是逃避现实的一种方式，更是我们进行自我滋养和修复的重要场所。

当我们因生活和工作的打击而心情不佳时，"情绪舒适区"可以给我们提供一个心理缓冲区。在这里，我们可以做自己喜欢的事情，调整好心态，为自己的情绪充满电。

案例分析

王语作为一名项目经理，需要协调多个部门的工作，处理复杂的客户需求，还要应对来自上级的严格考核，每天加班到深夜几乎是工作常态，这让她感到身心俱疲。

她的家中有一个小阳台，那里种满了各种花草，从郁郁葱葱的绿萝到娇艳欲滴的玫瑰，每一种植物都是在王语的细心呵护下长大的。每天下班后，无论多晚，王语都会抽出半个小时的时间，来到这个小阳台，给植物们浇水、修剪枝叶。

当她感到疲惫或焦虑时，便会搬一把椅子，静静地坐在那里，听着风吹过树叶的声音，感受着阳光和微风。在这一刻，所有的烦恼似乎都离她远去，只剩下眼前的这片绿色和心中的宁静。

王语喜欢在阳台上放置几本心爱的书籍，偶尔翻阅几页，或是闭上眼睛，让思绪随着风声飘荡。她还特意安装了一盏柔和的灯，为这个小小的空间增添了一丝温馨，也为常常夜归的她驱散了心中的阴霾和疲惫。

这个充满生机的秘密花园，就是王语的"情绪舒适区"，她在这里的每分每秒，都是在给自己的情绪充电。

每个人的"情绪舒适区"都是独一无二的，通过以下几个步骤可以帮助我们找到自己的舒适区：

1. 要深入探索自己的内心世界，了解自己的喜好与需求

首先，想想过去哪些经历让你感到特别快乐、平静或充满能量。可能是某个地点、一项活动、一种气味、一段音乐，甚至是一个人或一段回忆。

其次，留意日常生活中哪些瞬间让你感到放松和愉悦。是阅读一本好书、在公园散步，还是与家人朋友相聚？

最后，通过写日记、冥想或心理咨询等方式，深入挖掘你的真正需求到底是什么。

2. 营造一个舒心的居家氛围

按照自己的喜好来布置房间，墙上可以挂上喜欢的画作或照片，书架上摆满心爱的书籍，床头柜上放一个精致的小台灯。选择自己喜欢的颜色作为主色调，比如温暖的黄色或宁静的蓝色，让整个房间都充满温馨的气息。

选择一首自己喜欢的歌曲，可以是轻快的流行乐，或者是悠扬的古典乐，只要能让你的心情变得愉悦即可。并挑选一款香薰蜡烛或精油扩香器，点燃或开启后让淡淡的香气弥漫在空气中，营造出一种放松的氛围。

3. 打造积极的心态空间

（1）培养正面思维：每天花几分钟时间进行正念冥想，专注于自己的呼吸，让心灵回归平静。写感恩日记，记录下每天值得感激的事

情，哪怕是一件小事，也能让我们感受到生活的美好。

（2）接纳不完美的自己：不要过分苛求自己，给自己一些宽容和理解，接受自己的不完美。学会对自己说："我现在感觉不太好，但这是正常的。"

（3）情感寄托：找到那些能让你的心灵得到慰藉的事物，无论是阅读、写作还是绘画。

待"情绪舒适区"全部都打造完毕后，接下来就是要在日常生活中去实践和维护它了。

首先，要定期回归自己的小窝。无论工作多忙，都要记得给自己留一些时间回到家中，享受那份宁静和温馨。可以是每天下班后的短暂休息，也可以是周末的长时间放松，让心灵得到充分的休息和恢复。

其次，要不断丰富和完善自己的舒适区。当需求和喜好发生变化时，可以考虑更换装修风格或者尝试一种新的放松方式。

最后，要设立界限以保护自我。设定一些规则和界限，让自己在保持独立和自主的同时，也能与他人和谐相处。而且，要学会说"不"，保护好自己的时间和空间，不要让别人的需求过度侵占自己的舒适区，从而防止情绪过载。

现在，请你抽出十分钟的时间，根据这些步骤和方法，简单规划你的"情绪舒适区"计划，并在这个周末，开展行动吧！

🎤 正念冥想：活在当下，减轻压力

正念冥想，这个听起来有些禅意的词汇，其实是从古老的佛教修行中演变而来的，但现在它可不只是修行者的专属。在心理学、医学领域，甚至在我们的日常生活中，正念冥想都变得越来越流行，成为了一种提升心情、缓解压力的小妙招。

那么，什么是正念呢？简单来说，就是"专心感受当下，不对事情的好坏下结论"。譬如，你在喝茶的时候，应该全神贯注地感受茶的温度、味道，还有那一刻的宁静，而不是一边喝茶一边想着工作还没做完，晚饭吃什么，这就是正念的体现。

正念冥想，就像是给心灵做的一次"专注力训练"。它引导我们把心思从对过去的遗憾和未来的担忧中拉回到现在，去感受身边的每一分每一秒。在这个过程中，重要的不是去评价好坏，而是去接受和理解自己内心的各种感受。就像是看着一朵云慢慢飘过天空，你不去评判它美不美，只是静静地欣赏它的变化。

案例分析

苏琪是一名大学教授，平时工作繁忙，经常需要备课、批改作业和指导学生。最近，由于教学任务加重，她感到压力很大，经常晚上难以入睡。每天晚上躺在床上，脑海中总是浮现出未完成的工作和即将到来的任务，这让她感到异常焦虑。

为了缓解这种紧张的情绪，苏琪寻求了专业老师的指导，在网上查阅了一些资料，并下载了一个专门用于正念冥想的应用程序。起初，这个过程并不容易，她很难完全放下对工作的担忧，思绪总是不由自主地飘向明天的课程和尚未完成的工作。每当她发现注意力开始游离时，便会立刻将注意力重新带回到呼吸上，然而很快，她的脑海又被教学进度和学生的成绩所占据，她马上再调整状态，告诉自己："这些都是正常的反应，我只需要接受它们，现在要注意呼吸。"

经过几天的反复练习，她慢慢地摸到了门道，能够顺利地完成冥想，而这也给她带来了诸多好处：她发现自己备课时变得更加专注，思维更加清晰，能够更好地组织课程内容；批改作业时也更加细致入微；指导学生时，也更有耐心了，不再那么容易被外界的干扰所影响。更重要的是，她学会了如何控制自己的情绪，不会再轻易陷入情绪波动之中。

苏琪通过正念冥想将注意力从工作的压力转移到当前的呼吸体验

上，让自己从工作的紧张情绪中暂时抽离，给身心一个休息的机会，从而达到了改善情绪的目的。

正念冥想的核心要素包括察觉、接纳、非评判和集中注意力。它要求个体在清晰地认识到自己的心理状态和情绪变化后，不附加任何价值判断和情感色彩，更不去抵制，而是单纯地承认它们的存在，然后将注意力集中于当前的感受、思绪或呼吸上，从而提高注意力的稳定性和持久性。

下面为正念冥想的实践方法：

1. 呼吸觉察

呼吸觉察是正念冥想中最常见的练习之一。它要求我们将注意力集中于呼吸上，感受每一次呼吸的进出、停顿和气息的起伏变化。通过呼吸觉察，我们能够更好地了解自己的身体状态，同时提高注意力的集中程度。

步骤：找一个安静的地方坐下，挺直身体，放松肩膀和颈部。然后闭上眼睛，将注意力集中于呼吸上，感受气息进出鼻孔的微妙感觉，以及随着呼吸节奏胸腔和腹部的起伏。注意吸气时将肚子鼓起来，呼气时让肚子瘪下去。在练习的过程中，思绪飘离是正常的现象，只需将它轻轻拉回，继续感受呼吸即可。

2. "身体扫描"

"身体扫描"是一种全身性的正念冥想练习。它要求我们从头部开始，逐渐"扫描"身体的各个部位，并体会每个部位的感觉和状态。通过"身体扫描"，我们能够更好地了解自己的身体状态，释放身体的紧张感。

步骤：躺在床上或椅子上，闭上眼睛，将注意力完全集中在自己的身体上，准备开始这一从头到脚的"身体扫描"过程，一点点感受自己的身体。先感觉下头皮有没有紧绷感，然后是脖子、肩膀，一路往下，直到手指尖、脚趾头。如果在某个部位发现紧张感或不适感，尝试通过轻微移动来放松。这样一遍下来，整个人都轻松了不少。

3. 正念行走

正念行走是一种将正念冥想的原理应用于日常生活中的练习。它要求我们在行走时保持觉察和专注，感受脚底的触感、身体的移动，以及周围的环境。通过正念行走，我们能够更加深入地体验当下的每一刻。

步骤：放慢脚步，将注意力集中于整个行走过程。感受脚底与地面的接触，以及身体随着步伐的移动。在行走的同时，也要注意周围的环境，如风声、鸟鸣等。

4. 正念进食

正念进食是一种将正念冥想的原理应用于饮食中的练习。它要求我们在进食时保持觉察和专注，感受食物的味道、口感和质地。通过正念进食，我们能够更加珍惜每一口食物，同时提高对自己身体需求的敏感度。

步骤：在用餐时，不要急于进食，应先仔细观察食物的外观、颜色和形状。然后，小口小口品尝，注意食物的味道、口感，还有吃下去时的身体感觉。如果感觉饱了就停下，别吃太多。

正念冥想是一种简单而有效的实践方法。无论你是面临工作压力的职场人士，还是希望提升生活质量的普通人，都可以尝试将正念冥想融入日常生活中，享受它带来的好处。

♟ 情绪"急救包": 随身携带的小技巧

情绪"急救包"是指一系列简单而有效的技巧,可以在短时间内帮助我们调整情绪,恢复内心的平静。这些技巧可以随时随地使用,不受时间和地点的限制。

情绪"急救包"具备以下三个特点:

1. 即时性

像速效救心丸一样,可以在短时间内见效,帮助我们迅速应对情绪危机。

2. 便携性

可以随时随地使用,不受时间和地点的限制。

3. 多样性

可以根据个人喜好和具体情况选择不同的技巧,灵活应对各种情绪问题。

案例分析

　　张丽是一位40岁的单亲妈妈，她的女儿小悦正值青春期，情绪多变，而她自己也在职场上承受着不小的压力。为了应对这些情绪波动，张丽为自己和小悦准备了一个情绪"急救包"。

　　在这个"急救包"里，张丽放入了她们母女俩都喜爱的轻松音乐播放列表，还有几张家庭旅行时拍摄的美好照片。此外，她还加入了一些简单的放松练习说明，以及一个小巧的笔记本，用来记录每天的"小确幸"，她常常用来调节自己的低落心情，效果非常显著。

　　一天，小悦因为在学校和朋友发生争执而情绪低落。连续两节课都无法专心上课，中午吃完饭回到教室整理书包时，发现了妈妈给她准备的情绪"急救包"，她拿出来打开，看到了一张猫咪玩毛线团的照片，心情瞬间就好了一大半。

　　晚上回家后，她和妈妈讲了在学校发生的事情，两个人又一起听了舒缓的音乐，翻看了家庭相册中的照片，回忆起旅行时的快乐时光。随后，母女俩一起在笔记本上写下了当天遇到的快乐事情，包括小悦在学校的一次成功演讲和张丽在职场上完成的一个重要项目。这一过程不仅让小悦的心情好转了，也让张丽释放了一天的工作压力并感到更加放松和满足。

　　张丽制作的情绪"急救包"，不但帮助自己和女儿迅速应对了情绪危机，还增进了她们的母女关系。

情绪"急救包"可以是一首能让自己放松的歌曲，一个快速的伸展运动，或者是承载一些美好记忆的小物件，比如家人的照片、某个特别的护身符等。

当你的情绪陷入低谷时，情绪"急救包"就是你随身携带的情绪调节工具。它包含了一系列精心挑选的应对策略，能够帮助你快速调整心态，重拾积极情绪。

1. 身体动作释放法

（1）快速伸展：伸展四肢，尤其是颈部和肩膀，可以帮助你放松肌肉，减轻紧张感。

（2）步行或慢跑：在户外快速步行或慢跑，让身体动起来，有助于释放内心的压力。

（3）击打枕头：如果感到愤怒或沮丧，击打枕头或其他柔软的物体可以帮助你释放情绪。

2. 肌肉放松法

具体操作是首先选择一组肌肉群，如手臂或腿部，用力紧绷几秒钟，然后突然放松这组肌肉，感受放松的感觉。按照这个方法依次对身体的其他各个部位进行紧绷和放松练习。

3. 注意力转移法

将注意力从负面情绪转移到积极或中性的活动上。比如，投身于你喜欢的活动，如绘画、写作或园艺等，让自己完全沉浸在创作的乐趣中；改变你所处的环境，哪怕是短暂的散步或换个房间工作，也能带来全新的视角和心情。

4. 倾诉分享法

它鼓励我们勇敢地表达自己的感受。在日常生活中，主动与亲朋好友保持联系，建立一个稳固的支持系统。当遇到情绪危机时，不要犹豫，及时找一个你信任的人，向他倾诉你的感受和情绪。不要掩饰或压抑自己的真实想法和感受，大胆地说出来，并倾听对方的回应和建议，但最终的决定权仍然在你自己手中。

通过这些具体的方法，我们的情绪"急救包"可以帮助我们在面对情绪挑战时保持冷静和自控。记住，情绪"急救包"是为我们自己量身定制的，所以找到最适合自己的技巧是非常重要的，切勿盲从。

保持幽默感：用笑对抗负面情绪

幽默感不仅仅是在聚会时讲个笑话逗大家一笑那么简单，它更像是一种深入骨髓的思维方式和生活态度。幽默能悄悄激活我们大脑里那个负责开心的"快乐中枢"，促使身体释放出像内啡肽这样的"快乐小使者"，这些化学物质就像是自然的解压神器，能帮助我们从紧张焦虑的情绪中解脱出来。

当我们面对生活中的不如意时，幽默感能让我们以一种轻松、机智，甚至带点戏谑的眼光去看待它们，让原本平淡无奇的日子因为幽默感的调剂，而变得有滋有味。

比如，你正在为一份繁琐的工作报告而头疼，这时同事走过来，看着你眉头紧锁的样子，开玩笑地说："嘿，你这是在写报告呢，还是在雕刻艺术品啊？"虽然是一句玩笑话，但你却能从中感受到一丝轻松，仿佛那些烦恼都随着笑声飘散了。

案例分析

老张是一位退休教师，他的子女都在外地工作，很少回家。他退休后，每天无所事事，加上身体有一些小毛病，他开始感到孤独。

一天，老张在厨房做饭时，不小心打翻了一瓶酱油，弄得满地都是。看着地上的酱油，老张突然笑道："看来今天酱油也想尝尝地板的味道，那就让它享受一下吧！"而且，既然地板已经被弄脏了，那就干脆彻底打扫一遍厨房吧！

此后，他每次做饭时都想着怎么让这个过程变得更有趣。比如，在厨房里唱歌，模仿电视上的烹饪节目主持人，还给自己编了一些顺口溜，切菜时他会说："一刀切下去，烦恼全不见！"炒菜时他会说："锅铲一挥，快乐翻倍！"

他甚至开始录视频，把自己做饭的过程上传到网上，与网友们分享。随着视频的传播，老张收获了很多网友的喜爱和支持。老张也收到了很多私信，询问他是如何保持这样积极乐观的心态。

老张在回复中写道："其实很简单，每天给自己找点乐子，用笑声来对抗那些不开心的时刻。当你开始用幽默的眼光看待生活中的琐事时，你会发现，原来快乐就在身边。"

慢慢地，老张不仅克服了自己的孤独感，还成了社区里的名人。他的厨房不再是寂寞的地方，而是充满了欢声笑语的快乐源泉。

老张通过简单的幽默，不仅提升了自己和周围人的心情，还增强了社交联系，让自己的生活变得更加丰富多彩。

有人说，幽默感是天生的，其实不然，幽默感可以通过后天的努力来培养。以下是一些有助于培养幽默感的方法：

1. 观察日常琐事

无论是家里的宠物做出滑稽的动作，还是同事无意间的口误，这些看似微不足道的瞬间往往蕴含着丰富的幽默元素。试着以轻松的心态去观察这些日常琐事，然后选择合适的记录方式，将它们记录下来。

2. 保持开放和包容的心态

一个能够欣赏幽默的人，通常也是一个开放和包容的人。他们不会因为别人的不同观点或行为而感到不适，反而能够从中找到乐趣。

3. 参与幽默活动

观看喜剧电影，听相声小品或者参加幽默俱乐部等活动，并且与家人和朋友分享电影或者小品中的幽默场景。

4. 实践幽默技巧

在家庭聚会或者与朋友聊天时，可以尝试使用夸张的手法来描述某件事情，或者运用对比和反转来制造意外的笑点。比如，讲述一次旅行中的奇遇、工作中的小插曲。你可以说："那次旅行中，我们住的酒店房间小得连一只猫都得侧身走过！"在说"猫侧身走过"时，可以做出猫挤过狭小空间的滑稽动作。

此外，要将幽默变成一种日常习惯，将幽默融入生活中，可以在开始一天的工作前，读一个笑话或看一段搞笑视频，为一天设定一个轻松的基调。然后，在工作区域放置一些有趣的便签或图片，提醒自己在工作中寻找乐趣。在与同事、朋友和家人交流时，尝试加入幽默元素，为对话增添乐趣。

保持幽默感，是一种积极的生活态度。笑，可以化解烦恼，对抗抑郁、焦虑等负面情绪，驱散内心的阴霾。所以，不妨多在生活中寻找和创造幽默时刻，让快乐和轻松填满我们的每一天吧！

第五章
积极思维：
培养乐观心态

🎙 重塑负面想法：寻找积极的另一面

我们将那些可能给人体带来危害的，影响人们正常生活和工作的，降低人们生活质量的情绪统称为负面情绪，包括但不限于我们在上面讨论的愤怒、沮丧、悲伤、痛苦等。这些情绪体验往往是不积极的，可能导致人基于负面情绪产生很多负面的想法，甚至做出过激行为，从而进一步影响个人的身心健康、人际关系和工作表现。

负面情绪的产生和积极情绪的产生可以说是同宗同源的。同一件事，向左发展会激发出积极情绪，向右发展则会激发出负面情绪，而事物的客观发展和改变往往不是我们能完全把控的，所以情绪，尤其是负面情绪也是不可避免的。

虽然负面情绪可能会带来不良影响，但它们也是正常的人类情感体验不可或缺的一部分，关键在于如何有效地管理和应对这些情绪。而实现这一目标最重要的是客观理性地认识它们，并乐观地寻找负面情绪中积极的一面，将负面的想法及时扼杀。

案例分析

王芳是一位全职妈妈，负责照顾两个孩子和打理家务。尽管她深爱着家人，但日复一日的琐碎事务和偶尔的家庭矛盾让她感到疲惫不堪。一天晚上，王芳在准备晚餐时，不小心将一锅热汤洒在了地板上，这让她瞬间陷入了崩溃的边缘。她看着满地的狼藉，想到自己一天的辛劳没有得到认可，反而因为这样一个小错误而自责不已。

负面情绪开始在她心中蔓延："我总是做不好事情，孩子们会嫌弃我，丈夫也会觉得我是个无能的妻子。"这些负面的想法像乌云一样笼罩着她，让她感到无比沮丧。

渐渐地，她的脾气变得喜怒无常，动不动就对孩子们发火，家庭氛围也变得日益紧张。

后来王芳逐渐意识到，如果继续沉浸在这些负面的想法中，不仅会伤害自己，还会影响到整个家庭的和谐与生活质量。她静下心来，客观地分析并反思了最近的点点滴滴，及时消除了负面想法，转而以更加积极的心态投入平淡又幸福的生活中。

王芳的案例是万千全职妈妈生活现状的缩影。一锅洒掉的热汤，一声孩子的抱怨，或者爱人的不解，父母的唠叨，邻里的八卦，等等都可能是触发负面想法的导火索，但只要我们像王芳那样能及时意识到问题所在并采取应对措施，生活总会以美好示人的。

那么，如何寻找负面情绪中积极的一面呢？需要做到以下几个方面：

1. 接受和正视

面对负面事件，最重要的是要接纳现实，承认它的存在和带来的影响。这并不意味着我们要对痛苦视而不见，而是要在承认的基础上，允许自己感受并处理这些情绪。哭泣、愤怒、沮丧都是正常的反应，它们是我们内心在尝试理解和适应变化的过程。接纳现实，意味着我们不再逃避，而是勇敢地面对，这是寻找积极的一面的第一步。上面案例中的王芳并没有及时做到这一点，所以她在自责和自我否定中度过了一段时间，这段时间里，她是备受煎熬的，而这些煎熬，大部分是来自自我否定。

2. 反思自己

负面事件的成因无非是客观因素和主观因素两种，我们需要在主观因素上来反思自己的所作所为是否合理合规，是否脱离了原有计划或者违背了公序良俗。在案例中，王芳仅仅是因为洒掉了一锅热汤就引起了后续一系列的情绪变化，幸运的是，她最终进行了深刻的自我反思，并成功阻止了这种负面情绪向更恶劣的方向发展。

3. 改变自己

生活中的客观现实往往是无法改变的，我们能实际把控的是自身。案例中的王芳在认清楚现实之后改变了自己——打碎热汤是无心之举，无需自怨自艾，与其否定质疑自己，不如积极地投身到自己身处的工作生活中。如果这种生活存在瑕疵，就去接受它或者改变它，因为我们无须追求事事完美。

改变负面想法，寻找积极的一面是让人不断完善自己的快捷途径。我们常说，"祸兮福所倚，福兮祸所伏"，福祸一正一反，时刻发生在我们的生活中，这里的"祸"指的不一定是灾祸，更多的是困难、挫折或者猝不及防的突发情况。好事和坏事有时候就像邻居，一个来了，另一个可能就在旁边候着呢。比如，你今年的生意做得特别好，赚了不少钱，这本是大喜事吧？但可能接下来就得面对怎么扩大规模、怎么应对竞争、怎么管理员工这些头疼事儿了。这就是福后面可能跟着的祸。

那应该如何应对这事儿呢？这就得说到改变负面想法的重要性了。有的人一看福事变祸事，就开始慌了神，觉得天要塌了，其实大可不必。你得这么想：既然福祸相依，那我为啥不多想想好事儿呢？比如赚钱了，我可以先给自己和家人好好放松放松，享受一下劳动成果；然后再冷静地规划一下未来，找专家咨询一下怎么扩大业务，怎么管理团队。这样一来，你就能把祸事扼杀在摇篮里，或者至少让它来得晚点、轻点。

说白了，改变负面想法就是给自己打气，让自己更有信心去面对未来的挑战。你得相信，好事儿来了，咱能接住；坏事儿来了，咱也不怕。只要咱心态好、准备足，啥都能应对。这样一来，你的人生路就能走得更加稳当、更加长远。

🎙 感恩的力量：记录日常中的"小确幸"

在我们的情绪管理中，感恩扮演着至关重要的角色，它不仅能让我们心里感到舒畅，还能帮我们在复杂的生活里，保持一颗平稳坚定的心。

人生不可能总是一帆风顺，遇到挫折、困难是常有的事。如果你能够对这些困难心存感激，感谢它们让你学到了宝贵的经验，让你变得更强大，那么你就能从中汲取到力量。感恩的心态能够让你在面对困难的时候，心里更加充实，更有勇气去面对挑战、克服困难。

感恩生活中的"小确幸"，这听起来或许有些抽象，但实则却是我们每个人都能触手可及、随时体验的宝贵财富。在这个快节奏、高压力的社会里，我们往往被各种大事、要事、急事推着走，忽略了那些细微却真实存在的美好瞬间。然而，正是这些"小确幸"，如同夜空中最亮的星，点亮了我们的日常，给予我们温暖和力量。

案例分析

普通上班族的生活简单且乏味，很多人因此烦躁，李明也是如此，他的生活简单而规律，日复一日地重复着相同的节奏。然而，正是这份看似平凡的日常生活，让李明有机会在生活的细微之处，发现那些令人心生感激的"小确幸"。

在一个周末，他懒洋洋地从床上爬起，走进厨房，却发现妻子小芳已经为他准备好了早餐。李明拿起勺子，轻轻舀起一勺粥，那股暖意瞬间传递到了他的心底。他感激地看着小芳，心中涌起一股暖流。他知道，这就是生活中的"小确幸"，简单却充满爱意。

　　午后，李明决定去附近的公园散步，享受一下难得的闲暇时光。走在公园的小径上，他无意间发现了一只流浪猫。小猫脏兮兮的，它的眼神中透露出一种无助与渴望。李明停下脚步，轻声呼唤着它。小猫似乎感受到了他的善意，小心翼翼地靠近，用头蹭了蹭他的腿。李明从口袋里掏出一些零食，与小猫分享。看着小猫满足地享用着，他心中充满了温暖与感激。这一刻，他意识到，生活中的"小确幸"，往往就藏在这些不经意的瞬间。

　　案例中的主人公李明作为无数打工人的一个缩影，在平凡普通的岗位上日复一日地重复着工作，他们对工作认真，对生活负责，但日复一日的简单重复让他们激情褪去，总有些许坏情绪滋生，聚少成多，进而影响工作和生活。而李明则不然，他发现了隐藏在每一天中的小乐趣，早起对家人的感恩，对大自然馈赠的享受，对猫猫狗狗的喜爱，这些在我们看来普普通通的小事都成了他生活中随处可见的"小确幸"，正是这些一丝丝正面乐观的情绪不时地积累，让李明的每一天都充实快乐。

　　在我们的日常生活中，并没有那么多的"大事"发生，除了生老病死这些我们无法把控的事情，我们总会被重复的小事情围绕，一日三餐可以是重复的，每日的工作，也可以是重复的，这些小事情最能破坏情绪。"怎么又是面条？昨天就是吃的面条！""每天都是这些表格，烦死了！"

　　其实，换一个角度，糟糕的事情就能变成"小确幸"，坏情绪也能变成好情绪："哇，昨天是打卤面，今天是油泼面，天天好味道。""现在我做这些表格，越来越熟练，越来越得心应手了。"

"小确幸"，可能是一杯清晨的咖啡。当第一缕阳光透过窗帘，你懒洋洋地从床上爬起，一杯热腾腾的咖啡已经在桌上等你。那一刻，咖啡的香气与温暖不仅唤醒了你的味蕾，更仿佛为一天的开始注入了满满的活力与希望。你感激这片刻的宁静与美好，它让你明白，无论昨日如何，新的一天总有新的期待。

"小确幸"，也可能是路上遇到的一只流浪猫。在繁忙的街道或是安静的巷弄，一只脏兮兮的小猫突然出现在你的视线中，它或许在觅食，或许只是好奇地打量着你。当你蹲下身，温柔地呼唤它，看到它小心翼翼地靠近，那一刻的眼神交流，仿佛是两个灵魂间的无声对话。你心中涌起一股暖流，感激这份不期而遇的纯真与信任，它提醒你，即使在最坚硬的城市外壳下，也藏着柔软与温情。

"小确幸"，还可能是朋友间的一次闲聊。在忙碌的工作间隙，或是周末的午后，几个好友聚在一起，没有特定的目的，只是随心所欲地聊着天。你们分享着彼此的快乐与烦恼，或许还会一起八卦些无关紧要的小事，但正是这些看似无关紧要的交流，加深了你们之间的情谊，让你感受到归属感和被理解的感觉。你感激这样的时光，它让你明白，在这个纷扰的世界中，有人愿意倾听你，陪你一起笑、一起哭，是多么难得和珍贵。

"小确幸"，更可能是家人的陪伴。晚餐桌上，一家人围坐一起，分享着一天的见闻，虽然话题可能琐碎，但那份温馨与和谐，足以驱散一天的疲惫。孩子天真的笑容，父母慈祥的目光，这些看似平常的瞬间，却是构成幸福生活的基石。你感激这份无需言语就能感受到的爱，它让你无论走到哪里，都有一个温暖的港湾可以依靠。

感恩生活中的"小确幸"，是一种态度，也是一种能力。它教会我们如何在平凡中发现美好，如何在忙碌中找到宁静，如何在挫折中看到希望。这些小小的幸福，就像生活中的调味剂，让我们的日子变得更加丰富多彩，更加值得珍惜。因此，不妨放慢脚步，用心去感受，你会发现，生活中的每一个瞬间，都藏着值得感激的"小确幸"。

给自己打气：积极自我暗示的魔力

积极的自我暗示是一种基于现实、面向未来的心理调适技巧，是一种务实且有效的心理工具。能够激发个人潜能，提升应对挑战的能力，从而在生活和工作中取得更好的表现。

首先，积极的自我暗示强调"基于现实"。这意味着我们在进行自我暗示时，不是盲目地设定不切实际的目标或幻想，而是根据自身的实际情况，包括能力、经验、资源等，设定合理且可达成的小目标，并逐步向更大的成就迈进。例如，一个初学者在练习演讲时，可以暗示自己："我今天会比昨天更加自信地开口，哪怕只是进步一点点。"这样的暗示既符合实际，又能激发动力，避免了因目标过高而产生的挫败感。

其次，积极的自我暗示注重"面向未来"。它鼓励我们以一种前瞻性的视角看待自己，相信自己有能力克服当前的困难，实现未来的愿景。这种信念不是空中楼阁，而是建立在对自己潜力的深刻认识和对持续努力的信任之上。比如，面对一项看似艰巨的工作任务，我们可以这样暗示自己："我拥有解决问题的智慧和能力，只要我坚持不懈，一定能找到有效的解决方案。"这样的暗示能够激发我们的创造力和韧性，使我们在面对挑战时更加从容不迫。

再次，积极的自我暗示是一种"心理调适技巧"。它教会我们如何调整自己的心态，从消极情绪中抽离出来，转而关注积极的一面。在日常生活中，我们难免会遇到挫折和失败，这时，通过积极的自我对话，如"这次失败只是暂时的，它让我学到了宝贵的经验，下一次我会做得更好"，可以帮助我们迅速恢复士气，减少自我责备，从而更快地重新站起来，继续前行。

最后，实践积极的自我暗示需要耐心和坚持。它不是一蹴而就的过程，而是需要我们在日常生活中不断练习和强化。每当遇到负面情绪或自我怀疑时，及时用正面的信息替换掉这些消极念头，久而久之，这种积极的思维模式就会成为一种习惯，深刻影响我们的行为和结果。

案例分析

作为一名设计助理，小林不仅要完成烦琐的基础工作，还要在有限的时间内学习并掌握最新的设计软件和行业趋势。面对这样的挑战，小林很快就感受到了前所未有的压力，有时甚至会陷入自我怀疑，担心自己无法胜任这份工作。

然而，小林并没有让自己长时间沉浸在消极情绪中。他开始尝试运用积极的自我暗示来调整自己的心态。首先，他设定了一系列基于现实的小目标，比如"今天我要比昨天更快地完成一项设计任务""我要主动向资深设计师请教一个设计技巧"。这些目标既具体又可实现，帮助他逐步建立起了对工作的掌控感。

同时，小林也学会了在面对困难时，用积极的视角去看待问题。有一次，他设计的一个方案被客户否定了，这让他感到非常沮丧。但随后，他告诉自己："这次失败给我带来了宝贵的客户反馈，它能帮助我更好地理解客户需求，提升我的设计能力。"这样的自我暗示让他迅速从挫败感中恢复过来，转而专注于如何根据反馈改进自己的设计。

案例中的小林在意识到自己的问题后，采取了积极的自我暗示法来激励自己，他把"我有能力应对任何挑战""我在设计方面有着独特的天赋和潜力"等灌输给自己，不仅提升了他的自信心，还让他在面对压力时更加从容不迫。

随着时间的推移，小林的设计能力得到了显著提升，他不仅能够高效地完成工作任务，还能主动提出创新的设计方案，赢得了同事和客户的认可。更重要的是，他学会了如何在逆境中保持乐观，用积极的自我暗示来激发自己的潜能，从而在职场上实现了个人的成长和突破。

通过这个案例，我们可以看到，积极的自我暗示不仅能够帮助小林应对职场挑战，提升自信心，还促进了他的个人成长和职业发展。

它并不是空洞的幻想或逃避现实的自我安慰，而是一种基于现实、面向未来的心理调适技巧，通过持续实践，能够深刻影响我们的行为和结果，让我们在生活和工作中取得更好的表现。

当我们在工作中遇到难题时，可以告诉自己："这个问题虽然棘手，但我有能力找到解决的办法。每一次挑战都是成长的机会，我会从中学习到更多。"这样的暗示能够帮助我们保持冷静，专注于寻找解决方案，而不是陷入无助和绝望。

在人际关系中，当我们感到被误解或受到不公平对待时，积极的自我暗示同样重要。我们可以对自己说："每个人都有自己的立场和观点，我理解并尊重他们。我有能力通过沟通来澄清误会，建立更加和谐的关系。"这样的暗示能够减少我们的愤怒和怨恨，促使我们采取积极、理性的行动来改善人际关系。

总之，积极的自我暗示是一种务实而有效的心理调节方式。它能够帮助我们在面对挑战时保持冷静、乐观的心态，从而更好地应对生活中的各种困难。通过持续实践积极的自我暗示，我们能够逐渐培养出一种更加坚韧、自信的心态，让我们的生活更加充实、幸福。

🏆 寻找乐趣：让生活中的小事变得有趣

在快节奏的现代生活中，人们常常面临各种压力和挑战，这些负面因素容易侵蚀我们的心理健康，导致情绪低落甚至抑郁。因此，主动寻找并享受生活中的小乐趣，成为了一种有效的情绪调节方式。

首先，小乐趣能够为我们提供即时的快乐和满足感。无论是品尝一道美食、欣赏一幅画作，还是与朋友的一次简短交流，这些看似微不足道的事情都能在我们的心中激起一丝温暖和愉悦。这些即时的快乐感受能够迅速提升我们的情绪状态，让我们从压力和焦虑中暂时解脱出来。

其次，小乐趣能够增强我们的幸福感和生活满意度。当我们开始关注并珍惜生活中的每一个小美好时，我们会发现，生活中其实充满了值得感激和珍惜的事物。这种积极的认知方式能够逐渐改变我们的心态，让我们更加珍惜和享受当下的生活，从而提升整体的幸福感。

再次，小乐趣还能够激发我们的创造力和想象力。在寻找和创造小乐趣的过程中，我们需要不断地尝试和探索新的方式和方法。这种探索精神不仅能够丰富我们的生活体验，还能够激发我们的内在潜能，让我们在面对困难和挑战时更加自信和从容。

最后，更重要的是，小乐趣是建立积极生活态度的重要基石。当我们学会从生活中寻找乐趣时，我们会更加积极地面对生活中的各种变化和挑战。这种积极的生活态度不仅能够提升我们的情绪状态，还能够增强我们的心理韧性，让我们在逆境中依然能够保持乐观和坚强。

案例分析

李阿姨是一位退休教师，离开了熟悉的工作环境和同事，她一度感到有些失落和空虚。然而，李阿姨并没有让自己陷入这种消极情绪中，而是开始积极寻找生活中的小乐趣，以此保持积极乐观的情绪。

起初，李阿姨尝试了各种方式来丰富自己的生活。她参加了社区的老年大学，学习了书法和园艺课程。在书法课上，她找到了久违的专注和平静，每一次提笔落墨都让她感受到内心的宁静。而在园艺课上，她学会了如何种植和养护各种花卉，看着它们在自己的精心照料下茁壮成长，李阿姨感到无比的满足和快乐。

李阿姨还热衷于参加社区的志愿者活动。她成为了社区图书馆的志愿者，每周都会抽出几天时间去帮助整理书籍，为读者提供咨询。在这个过程中，她结识了许多志同道合的朋友，大家相互鼓励、共同进步。李阿姨发现，通过帮助他人，她不仅收获了内心的满足感，还让自己的退休生活变得更加充实而有意义。

此外，李阿姨还养成了每天记录小乐趣的习惯。她会在日记中记录下每天发生的小美好，比如一顿美味的晚餐、一次愉快的散步、一本好书带来的启发等。这些看似微不足道的小事情，却成为了她每天最期待和珍惜的时刻。每当感到心情低落时，她就会翻开日记本，看看那些曾经的快乐和美好，从而重新找回内心的平静和力量。

案例中，李阿姨的退休生活并没有像很多人一样枯燥无味，而是结合了自己退休前的工作性质发现了新的兴趣爱好，结交了新的朋友，享受着生活中无处不在的小乐趣，让自己保持了积极乐观的情绪。相反，如果李阿姨因为退休带来的不适而消极下去的话，她的生活将如同一块灰布那般，单调、乏味且毫无生机。

无论我们处在哪个人生阶段，都要像李阿姨一样积极地去发现生活小乐趣——人生并没有那么多的大悲大喜和大起大落，平凡生活中的点点滴滴才是最值得珍惜的。

走在上班或上学的路上，不妨放慢脚步，用心观察周围的世界。或许是一朵在墙角顽强生长的小花，或许是一只悠闲散步的小狗，又或是路边早餐摊上热气腾腾的包子，这些看似不起眼的场景，实则蕴含着生活的温度。每一次驻足，都是一次心灵的洗礼，提醒我们，即使在最忙碌的日子里，也不要忘记身边的美好。

工作学习之余，给自己留一点"无用"的时间。这里的"无用"，并非指荒废时光，而是指那些不直接产生经济效益，却能滋养心灵的活动。比如，泡一壶好茶，静静地读一本书；拿起久违的画笔，随意涂鸦；或是简单地与家人朋友聊聊天，分享彼此的喜怒哀乐。这些"无用之事"，往往能给予我们最纯粹的快乐和满足，是我们精神世界不可或缺的养分。

周末时，不妨走出家门，亲近自然。无论是徒步山林，还是河边垂钓，或是在城市公园里散步，大自然总能以它独有的方式治愈人心。听着鸟鸣虫唱，感受着微风拂面，所有的烦恼似乎都能随风而去。

生活中的小乐趣无处不在，它们如同散落在人生旅途中的珍珠，等待着我们去发现、去珍惜。保持一颗积极乐观的心，用务实、接地气的态度去感受每一天，长此以往，我们的情绪会变得稳定且积极，对待挫折或者负面情绪会更加理智平和。

笑对人生：幽默看待生活的挑战

生活中挑战无处不在，具备积极乐观情绪的人总是能战胜挑战，而这类人有一个共同的特质——幽默感。

幽默，是一种智慧，也是一种态度。它不在于你讲了多少笑话，而在于你能否在逆境中保持乐观，用轻松的心态去化解生活中的尴尬与困难。人生就像一场马拉松，途中难免会有疲惫、跌倒甚至迷茫，但幽默就像是路边的补给站，可以让我们在短暂的休息中恢复体力，重拾信心，继续前行。

想象一下，当你因为工作压力大、项目进度紧而焦头烂额时，突然有人对你说："嘿，你的眉头快能夹死一只苍蝇了！"虽然听起来有点夸张，但这样的调侃无疑能让你在紧张的氛围中松一口气，暂时忘记烦恼，用笑容去面对接下来的挑战。幽默就像是一剂解药，能够迅速缓解我们的负面情绪，让我们以更加平和的心态去处理问题。

在人生的舞台上，我们都是演员，而挑战则是剧本中的剧情设定。与其抱怨剧本太烂，不如试着以幽默的方式去演绎，说不定能收获意想不到的效果。比如，面对生活中的小挫折，我们可以自嘲一番："看来我今天是走了'狗屎运'，不过没关系，至少我比狗狗幸运，我还有鞋子穿！"这样的自我调侃，不仅能让自己释怀，还能给周围的人带来欢乐，营造一种积极向上的氛围。

幽默还能帮助我们更好地与他人沟通，化解矛盾。在人际交往中，难免会遇到意见不合、产生误会的情况，此时，一句幽默的话语往往能化解紧张的气氛，让双方从对立的立场回到平等交流的基础上来。比如，当朋友不小心弄脏了你的新衣服时，你可以笑着说："看来你这是要逼我换新衣服啊，下次记得带上你的信用卡哦！"这样的回应既表达了你的不满，又避免了尴尬和冲突，让友谊得以延续。

更重要的是，幽默能够让我们在面对人生的大风大浪时，保持一颗平常心。人生不可能一帆风顺，总会有风雨交加的时候，但只要我们能够保持幽默感，就能将那些看似不可逾越的障碍，转化为成长路上的垫脚石。就像电影《当幸福来敲门》中的克里斯·加德纳，即使在最艰难的时刻，他也没有放弃幽默和乐观，最终迎来了属于自己的幸福时刻。

案例分析

张大爷的生活哲学简单而深刻——以幽默面对人生的每一个挑战。

每当社区举办活动时，张大爷总是那个最能活跃气氛的人。他会用夸张的肢体语言和幽默的话语讲述自己年轻时的趣事，或是用自嘲的方式调侃自己的一些小毛病。比如："我这记性啊，比鱼的还差，昨天放的钥匙，今天还得找半天，不过也好，每天都能找到新惊喜！"这样的言语总是能让听众忍俊不禁，连平时严肃的老邻居也会被他的幽默所感染，露出难得的笑容。

面对生活中的小挫折，张大爷更是展现出了他幽默的一面。有一次，他在家做饭时不小心打翻了油瓶，厨房里顿时一片狼藉。面对这突如其来的"灾难"，张大爷非但没有生气，反而笑眯眯地说："看来我今天是要给地板做个免费 SPA 了，不过这油钱可得从下个月的退休金里扣啊！"这样一番话，不仅让家人紧张的情绪得到了缓解，也让这个意外变成了一次家庭间的趣事分享。

在张大爷的影响下，社区的老年人们也开始学会了用幽默的眼光去看待生活中的挑战。他们开始更加积极地参与社区活动，相互分享生活中的趣事和心得，用笑声驱散心中的阴霾。张大爷的幽默不仅为自己带来了快乐，也为整个社区营造了一种积极向上的氛围。

案例中张大爷的幽默不仅体现在生活中，更渗透到了他的养老哲学中。面对身体逐渐衰老的事实，他没有哀叹时光易逝，反而以一种豁达的心态接受了这一切。而且，张大爷用行动证明了幽默和年龄毫无关系，从童言无忌到妙语横生，幽默是不会随着年龄增大而衰减的，一个幽默感十足的人总要比天天愁眉苦脸的人健康得多。他用自己的实际行动证明了，即使到了晚年，也能以乐观的心态和幽默的智慧，活出自己的精彩。

张大爷的故事告诉我们，幽默是一种强大的内心力量，它能帮助我们在面对生活的挑战时保持一颗乐观向上的心。无论年龄多大，无论身处何种环境，只要我们能够用幽默的眼光去看待周围的一切，就能发现生活中的美好，享受每一个当下。

　　当然，幽默并不是逃避现实的工具，而是一种积极面对生活的态度。它教会我们在面对挑战时，不仅要学会坚强和勇敢，还要学会自嘲和放下。因为人生苦短，我们没有必要总是紧绷着神经，把自己搞得那么累。有时候，放松一下，用幽默的眼光去看待周围的一切，你会发现，原来生活还可以这么有趣。

　　幽默是人生的一剂调味品，它能让我们的生活更加丰富多彩，让我们在面对挑战时更加从容不迫。让我们学会用幽默的心态去拥抱每一个挑战，将每一次跌倒都视为一次成长的机会，用笑容去迎接每一个明天。因为在这个世界上，没有什么比一颗乐观向上的心更宝贵的了。让我们以幽默为伴，笑对人生，活出自己的精彩！

乐观的圈子：与积极的人在一起

　　情绪状态在很大程度上受到他人的影响。建立或融入一个乐观的圈子，与积极的人在一起，对于保持好情绪至关重要。

　　在积极乐观的圈子中，成员们往往能够相互理解、支持和鼓励。当某个人遇到困难和挫折时，其他人的乐观态度会形成一种无形的力量，帮助他重新振作起来。这种情绪共鸣能够让我们在面对挑战时更加勇敢，更加坚定。

　　积极的人总是能够以一种乐观的心态去面对生活中的一切。他们的言行举止会潜移默化地影响着我们，让我们逐渐学会用积极的方式去思考问题和解决问题。这种积极影响是持续的，能够让我们在面对困境时更加从容不迫。

在积极乐观的圈子中，成员们会相互学习、相互启发。通过分享自己的经验和心得，我们不仅能够获得知识和技能的提升，还能够学会如何更好地管理自己的情绪，如何以更加积极的心态去面对生活。

那么，如何建立或融入积极乐观的圈子呢？

1. 主动寻找

我们可以积极参加各种社交活动，如兴趣小组、志愿者活动等，去寻找那些与我们志同道合且积极乐观的人。在这些活动中，我们不仅能够结交新朋友，还能够拓宽自己的视野，丰富自己的经历。

2. 积极表达

当我们找到了一些积极的人后，要学会主动表达自己的观点和想法。通过积极的交流，我们能够更好地了解彼此，建立起深厚的友谊和信任。同时，也要学会倾听他人的意见和建议，从中汲取正能量。

3. 保持开放心态

在融入积极乐观的圈子的过程中，我们可能会遇到一些与自己观点不同的人。此时，我们要保持开放的心态，尊重他人的选择和决定。通过包容和理解，我们能够更好地融入这个圈子，与更多的人建立起良好的关系。

4. 持续学习

积极乐观的圈子往往是一个充满活力和创造力的集体。为了保持自己的竞争力，我们需要不断学习新的知识和技能，提升自己的综合素质。同时，也要学会分享自己的成果和经验，为圈子的发展贡献自己的力量。

案例分析

　　李华，一个曾长期沉浸在消极情绪中的年轻人。大学毕业后，他进入了一家知名企业工作，但高强度的工作压力和复杂的职场人际关系让他倍感疲惫。直到有一天，李华偶然参加了一个由公司同事组织的户外活动，这次经历成为了他人生的重要转折点。

　　在户外活动中，李华遇到了一群与他平时接触完全不同的人。他们热爱自然，对生活充满热情，即使在面对困难和挑战时，也总能保持乐观的心态。活动结束后，李华被这群人的积极态度深深吸引，主动与他们建立了联系，并逐渐融入了这个积极乐观的圈子。

　　在这个圈子里，李华开始尝试参与各种社交活动，如登山、徒步、瑜伽等。这些活动不仅让他释放了工作中的压力，还让他结识了许多志同道合的朋友。他们经常聚在一起分享生活中的趣事，讨论如何更好地面对挑战。在这个过程中，李华逐渐学会了用积极的心态去看待问题，不再一味地抱怨和逃避。

　　随着时间的推移，李华的心态发生了巨大的变化。他不再对工作感到厌倦，而是开始积极寻找解决问题的方法；他也不再对人际关系感到焦虑，而是学会了如何与他人建立良好的沟通。他的生活开始变得更加充实和有意义，与家人和朋友的关系也变得更加和谐。

"0 负担"情绪管理法

李华的转变很大程度上得益于他融入了一个积极乐观的圈子。这个圈子中的成员都具有积极向上的心态，他们的言行举止对李华产生了深远的影响。通过与这些积极的人交往，李华逐渐学会了如何以乐观的态度去面对生活中的挑战和困难。

在案例中，李华通过学习和实践情绪管理的方法，成功地改善了自己的情绪状态。这说明了，情绪管理对于个人成长和幸福生活的重要性。通过有效的情绪管理，我们可以更好地控制自己的情绪，避免被负面情绪所左右，从而保持一颗平和而坚定的心。

李华在融入积极乐观圈子的过程中，不仅学会了如何更好地管理自己的情绪，还通过社交互动获得了个人成长的机会。他与圈子中的成员相互学习、相互启发，不断提升自己的综合素质和能力。这种社交互动不仅丰富了李华的生活体验，也为他的职业发展提供了更多的可能性。

李华的转变并非一蹴而就，而是需要持续地努力和坚持。在融入积极乐观圈子的过程中，他不断地学习和实践，逐渐形成了积极的心态和习惯。这种持续性的努力是保持好情绪的关键所在。

李华的蜕变之旅充分展示了融入积极乐观的圈子对于个人成长和情绪管理的重要性。通过与积极的人交往、学习和实践情绪管理的方法，参与社交互动，以及持续性的努力，我们可以逐渐改变自己的心态和行为方式，从而过上更加充实和幸福的生活。在这个过程中，我们不仅要学会如何与他人建立良好的关系，还要学会如何更好地管理自己的情绪和心态。只有这样，我们才能在面对生活的挑战和困难时保持坚定的信念和积极的态度。

第六章
智慧导航：
生活中的实用策略

情绪管理的日常习惯：简单易行的好习惯

你平时都有什么样的习惯？早晨起床后是先刷手机，还是立刻投身于忙碌的早晨例行公事？午餐后会小憩片刻还是马上开始工作？在下班路上听听音乐还是发呆？有些习惯虽然看似平凡，却在不经意间影响着我们的情绪和幸福感。

你有没有想过，通过一些简单的调整，有些习惯可以成为提升情绪的强大工具？比如，将早晨的刷手机换成一段简短的冥想，或者在午餐后的散步中加入一些深呼吸练习，又或者每天早晨对着镜子微笑，晚上记录下一天中的美好时刻。

1. 一日之计在于晨，因此，我们第一步是建立积极的早晨仪式

起床后，对着镜子微笑，对自己说一些鼓励的话，如"今天会是美好的一天"。

然后，抽出十至十五分钟进行冥想。找一个安静的地方，闭上眼睛，专注于呼吸，让思绪逐渐平静，为一天定下和平的基调。

结束冥想后，要做一些简单的运动，如慢跑、瑜伽，或简单的拉伸等，来激活身体，让你的一天从活力满满开始。

同时，利用早晨的时间阅读一些励志书籍、心灵鸡汤或是专业文章，激发你的正能量，为一天设定积极的基调。因为阅读不仅能拓宽视野，还能激发思考，让你在面对问题时更加冷静和理性。

最后，给自己做一顿营养均衡的早餐，为身体提供充足的能量。

2. 养成自我关怀和放松的习惯

无论是工作还是学习，都要给自己安排短暂的休息时间，进行简单的伸展或深呼吸。并建立固定的睡前仪式，如阅读、听音乐或泡热水澡，帮助身心放松，改善睡眠质量。要注意的是，在睡前减少使用电子设备的时间，以避免蓝光对睡眠的干扰。

3. 培养自己的兴趣与爱好

尝试新的活动或兴趣，如绘画、烹饪、园艺等，这些都能为生活增添乐趣，减少压力。

将至少一项爱好纳入日常计划，使之成为生活的一部分，享受其中的乐趣和成就感。比如，每周三晚上是绘画时间，每周六下午是烹饪课，或者每天清晨是园艺时光。在参与爱好的过程中，不要过于追求结果，而是要学会享受过程。

将你的作品或成果与家人、朋友分享，分享能让你感受到成就感，还能增进彼此之间的了解和感情。

4. 保持健康的生活方式

比如，减少加工食品的摄入，多吃蔬菜、水果和全谷物。然后，保证每晚七至九个小时的高质量睡眠，并且根据个人情况，制定适合自己的运动计划。

5. 培养正面的思维习惯

用正面、鼓励性的语言与自己对话，避免自我批评和消极思维。并为自己设定可实现的目标，庆祝每一个小成就，以增强自信心和满足感。

案例分析

李华是一名普通的上班族，有一个五岁的女儿。他原本性格温和，家庭和睦，每天早上都会早起，做一些简单的运动，然后送女儿去幼儿园。下班后，他会陪女儿玩耍，和妻子一起做饭，一家人其乐融融。

然而，随着公司业务的扩展，李华的工作量逐渐增加。他开始频繁加班，周末也经常需要处理工作事务。原本规律的生活节奏被打乱，他开始感到疲惫不堪，变得易怒，对妻子的关心感到不耐烦，对女儿的调皮也失去了耐心。有一次，因为女儿不小心打翻了水杯，李华忍不住大声斥责，甚至愤怒地拍了桌子，吓得女儿大哭。

李华的家人和朋友都非常关心他，经常询问他的近况。但李华总是以工作太忙为借口，拒绝与他们交流。他认为自己已经很累了，没有精力再去关心别人。这种孤独感让他感到更加压抑和焦虑。

最终，妻子因不堪忍受他的坏脾气，向他提出了离婚。

虽然李华曾经有过一些好的习惯，譬如早起、做运动，但他并没有坚持下去，而且在面对压力时，他缺乏有效的情绪管理，任由负面情绪积累，再加上没有培养出好的习惯来纾解压力，最终导致了情绪失控。

因此，我们不但要培养纾解情绪的习惯，还要持之以恒。那么，怎样才能坚持下去呢？可以尝试一下"21天法则"培养习惯。

"21天法则"主要分为顺从、认同和内化三个阶段。

1. 顺从阶段（第1～7天）

（1）确定你想要培养的好习惯，并为完成这个行为找到自己的"奖励"。这个"奖励"要足够有诱惑力，以激发你的动力。然后，设定具体、可衡量、可实现、相关性强、时限明确的目标。

（2）将习惯分解成小步骤，逐渐实施。例如，如果目标是每天锻炼三十分钟，可以从每天十分钟开始，逐步增加时间。再安排固定的时间进行习惯培养活动，如每天早晨锻炼、晚上阅读等。

（3）使用日记、应用程序或日历等工具来记录你的进展和成就。还可以在手机日历中设置每天或每周的提醒，以提醒你进行习惯培养活动。

然后，每周或每月设定一个固定的时间来回顾你的记录。识别哪些日子你完成了习惯，哪些日子没有完成，并分析原因。如果某些习惯难以坚持，可以考虑简化步骤、调整时间或寻找替代方法。

（4）设定一些奖励机制，当你达到某个里程碑或完成一个小目标时给自己奖励。这些奖励可以是物质上的，如购买一件心仪的物品，也可以是精神上的，如看一部电影或享受一顿美食。

2. 认同阶段（第8～14天）

有时候，一个人常常会因为感到孤独而无法长期坚持做一件事，那么，可以把你的目标告诉家人、朋友或同事，并请求他们的支持和监督。现在的网络十分发达，也可以加入相关的社群或小组，与有共同目标的人一起努力。

改变你对习惯的看法，从觉得它是负担、困难和令人不快的，调整为认可习惯对个人的价值，比如促进健康、提升效率和带来快乐。

3. 内化阶段（第 15 ~ 21 天）

一旦习惯初步形成，可以逐渐增加行为的强度或持续时间，以继续推动并巩固习惯的形成。

"21 天法则"并不是一个严格的科学规则，而是一个大致的指导原则。因为每个人的特质以及所要培养的习惯各不相同，所以可能需要不同的时间来形成。因此，要有耐心，并且要相信自己能够通过持续的努力来培养新的习惯。愿你在这个过程中找到属于自己的幸福和平衡。

小时间管理，大情绪调节：高效安排日常

时间管理和情绪调节是两个看似独立却又紧密相连的领域。在日常生活中，我们常常感受到时间紧迫带来的压力，而压力又直接影响着我们的情绪状态。

时间是一种无法再生、无法储存的资源，浪费了便不会再有。古人有句俗语："千金难买寸光阴。"这句话揭示了时间的宝贵与不可逆性。

做好时间管理，则会有如下几点好处：

1. 提升工作效率

合理安排时间，可以确保我们在有限的时间内完成更多的任务，

提升工作效率。

2. 减少压力

时间紧迫是引发压力的主要因素之一。通过合理规划时间，可以有效避免因时间不足而导致的焦虑和压力。

3. 增加成就感

当任务按时完成时，我们会感到满足和自豪，这种成就感反过来又能激励我们更加高效地利用时间。

4. 改善生活质量

良好的时间管理让我们有更多的时间去享受生活，与家人朋友相处，参与兴趣爱好，从而提升整体生活质量。

时间管理不善往往会导致压力增大，进而影响情绪状态。当任务堆积如山，时间却越来越少时，我们会感到压力倍增。长期处于高压状态下，我们的情绪会变得不稳定，容易出现焦虑、抑郁等负面情绪。这些负面情绪又会进一步影响我们的决策能力和工作效率，形成恶性循环。

案例分析

李明是一位年轻的销售经理，他负责着公司的核心业务板块，工作压力巨大。

起初，李明凭借出色的业务能力和满腔的热情，在销售领域取得了不俗的成绩。但他的日常工作异常繁忙，客户拜访、合同谈判、团队管理等事务堆积如山。他原本以为自己能够凭借出色的个人能力应对这一切，但现实却给了他沉重的打击。由于缺乏有效的时间管理，他经常加班到深夜，却仍然无法完成所有的任务。

他试图通过增加工作时间来弥补这一缺陷，但结果却适得其反。长时间的加班不仅让他的身体疲惫不堪，还严重影响了他的情绪状态。他开始感到焦虑、烦躁，甚至对工作产生了厌倦感。他变得易怒、敏感，对同事和下属的言行也愈发挑剔。这种负面的情绪状态不仅影响了他的工作表现，还破坏了团队的和谐氛围。

有一次，他约好了要拜访一位老客户，结果又因为路上跟人赌气超车，出了交通事故，导致当天的事情全部推后，客户很生气，转而跟别人合作了。李明因此受到了上级的严厉批评，他的职业生涯也陷入了低谷。

李明在时间管理上的失控是导致情绪崩溃的主要原因。由于缺乏有效的计划和安排，他无法合理分配时间和精力，导致工作堆积如山，压力越来越大，而这压力又影响了他的情绪，进而影响了他的工作。

如果想要减少压力和提升情绪，我们需要掌握一些有效的时间管理技巧。以下是一些实用的建议：

1. 明确目标，SMART 导向

SMART 原则（具体、可衡量、可实现、相关性强、有时间限制）不仅适用于职场，也深刻地影响着我们的日常生活。比如，设定一个

健身目标：每周至少跑步三次，每次不少于三十分钟，持续两个月以提高体能。这样的目标设定符合 SMART 原则关于具体、可衡量、可实现、与提升健康相关、有时间限制的要求。

这样的目标让我们清晰地知道要做什么，以及何时完成，避免了在琐碎的日常中迷失方向。无论是学习新技能、完成家务，还是规划旅行，设定 SMART 目标都能帮助我们更高效地利用时间，确保每一步都朝着既定方向前进。

2. 优先级排序，紧急重要区分

面对繁杂的待办事项，学会区分任务的紧急程度和重要性至关重要。早晨起床后，不妨先花几分钟时间，根据"四象限法则"（紧急且重要、紧急但不重要、不紧急但重要、不紧急且不重要）来安排一天的日程。比如，紧急且重要的工作汇报需要优先处理，而整理书架这类不紧急且不重要的事情则可以安排在闲暇时间。通过设定优先级，我们能在有限的时间里做出最有价值的选择，避免被琐事淹没，确保关键任务得到及时完成。

3. 合理规划，时间碎片化利用

合理规划时间，不仅意味着为大事预留充足空间，也在于巧妙利用碎片时间。利用数字工具如日历、待办事项列表，将大任务拆解为小块，为每项任务分配具体时间。同时，别忘了在日程中穿插短暂休息，避免疲劳累积。比如，在等公交的五分钟里，可以回复几封邮件；午休前的十分钟，快速浏览行业资讯。这些看似微不足道的片段，累积起来却能成就许多小事，甚至为大脑充电，提高工作效率。

4. 学会拒绝，保持专注与反思

面对不必要的朋友聚会，不必要的会议邀请或是超出能力范围的任务，勇敢地说"不"，这是为了给自己留出更多时间专注于真正重要的人和事。同时，可以采用"番茄工作法"，它是通过将工作时间划分为若干个固定的时间段（通常称为"番茄时间"），每个时间段通常为二十五分钟，并在每个时间段结束后进行短暂的休息（通常为五分钟），以此来提高工作的专注度和效率。我们可以按照"番茄工作法"的步骤先设定二十五分钟全神贯注的工作时间，之后休息五分钟，每完成四个"番茄钟"后再进行长时间休息，这样能有效提升我们的专注力。

此外，定期回顾自己的时间管理实践，反思哪些策略有效，哪些需要调整。比如，每周日晚，花半小时回顾一周的时间安排，看看哪些任务超时了，哪些时间被浪费了，据此调整下周计划。这种持续的自我反馈与调整，是提升时间管理能力的必经之路。

通过这些时间管理的实践方法，我们可以更有效地控制自己的时间，减少压力，提升情绪。但请注意，时间管理是一种技能，需要时间和实践来掌握，不可半途而废，必须长期坚持，让其成为你的日常习惯。经过不断地尝试和调整，你能找到最适合自己的时间管理方法，从而享受到平衡和愉快的生活。

🍷 情绪与饮食：吃出好情绪的秘诀

你有没有注意到，某些食物似乎有魔力，能让你在疲惫的一天后感到精神焕发？比如，一碗热腾腾的鸡汤或者一块丝滑的黑巧克力。

科学研究已经证实，饮食与情绪之间存在着千丝万缕的联系。一顿美味的佳肴能让我们心情愉悦，而不良的饮食习惯则可能导致情绪低落甚至抑郁。

那么，饮食与情绪有哪些基础联系呢？

首先，人体需要多种营养素来维持正常的生理功能。维生素 B 族中的叶酸、维生素 B_6 和维生素 B_{12} 对神经系统的健康至关重要，缺乏这些营养素可能导致情绪不稳定、焦虑和抑郁。

其次，高糖饮食会导致血糖迅速升高，随后又迅速下降，这种剧烈的波动会让人感到疲惫、烦躁和易怒。相反，均衡的饮食有助于维持稳定的血糖水平，从而保持情绪的稳定。

最后，近年来的研究表明，肠道微生物与大脑之间存在着密切的联系，被称为"肠脑轴"。不健康的饮食习惯会破坏肠道微生物的平衡，导致情绪问题。而富含膳食纤维的饮食有助于维持肠道微生物的平衡，从而改善情绪。

案例分析

小李是一名忙碌的上班族，平时由于工作太忙，经常加班到很晚，导致早上起不来。为了多睡一会儿，便省略了早餐时间，总是饿着肚子去上班，他认为"少吃一顿没关系"。

时间久了，饥饿感让他变得容易烦躁，而且由于没有及时补充能量，经常因低血糖而犯困，注意力难以集中，有时甚至在开会中打瞌睡。

由于早晨空腹时间较长，他经常感到胃痛，有次实在痛得受不了，只得请假去医院做检查，医生告诉他，因为他长期不吃早餐，导致胃酸分泌增多，损伤了胃黏膜，由此引起了胃炎或胃溃疡。

此外，由于不吃早餐，小李在午餐时往往会吃得更多，导致血糖水平急剧上升，然后又迅速下降。这种血糖水平的剧烈波动不仅影响了他的情绪稳定性，还导致他长期处于亚健康状态。

由于精神状态不佳和情绪波动，小李的工作效率明显下降。他经常错过工作任务的截止日期，提交的工作质量也不如以前。上司对他提出了警告，提醒他如果再不改善现状，可能会面临调岗甚至解雇的风险。这让小李感到非常焦虑，但他不知道该如何改变这种状态。

通过对小李案例的分析，我们可以看到，不吃早餐的危害不容忽视。它不仅影响个人的精神状态和工作效率，还可能导致情绪波动和健康问题。

俗话说："人是铁饭是钢，一顿不吃饿得慌。"一日三餐不但要吃，还要吃得好，那怎么吃才能营养均衡呢？

1. 增加复合碳水化合物的摄入

复合碳水化合物是由多个简单糖分子组成的，消化过程相对缓慢，能够持续稳定地提供能量，避免血糖水平的剧烈波动。全谷物、豆类、薯类等都是富含复合碳水化合物的食物。增加这些食物的摄入，有助于维持稳定的血糖水平，从而保持情绪的稳定。

2. 多吃富含 ω–3 脂肪酸的食物

ω–3 脂肪酸是一种不饱和脂肪酸，对大脑的健康至关重要。它能够促进神经元的生长和发育，改善大脑的功能，从而有助于提升情绪。深海鱼类、亚麻籽油、核桃等都是富含 ω–3 脂肪酸的食物。建议每周至少吃两次深海鱼类，以满足大脑对 ω–3 脂肪酸的需求。

3. 补充足够的维生素和矿物质

维生素和矿物质对情绪的稳定和调节起着至关重要的作用。新鲜的蔬菜和水果是维生素和矿物质的宝库，建议每天至少吃五种不同颜色的蔬菜和水果，以确保摄入足够的营养素。此外，坚果、全谷物和豆类也是维生素和矿物质的重要来源。

4. 适量摄入优质蛋白质

蛋白质是构成神经递质的重要成分，对情绪的稳定和调节起着重要作用。瘦肉、鱼类、蛋类和奶制品都是优质蛋白质的良好来源。建议每餐都包含一定量的优质蛋白质，以满足大脑对神经递质的需求。

5. 避免高糖和高脂肪食物

高糖和高脂肪食物会导致血糖水平的剧烈波动和肥胖等健康问题，从而增加情绪问题的风险。因此，建议尽量避免食用这类食物，尤其是加工食品和快餐。

6. 保持水分平衡

水分对大脑的功能和情绪状态也有重要影响。缺水会导致注意力不集中、记忆力下降和情绪波动等问题。因此，建议每天至少喝八杯水，以保持水分平衡。

现在，请按照上述的饮食建议，根据你自己的口味来制定一份健康的饮食计划吧！这份计划要包括富含碳水化合物、优质蛋白质、维生素和矿物质的食物，并尽量避免高糖和高脂肪食物，限制咖啡因的摄入，过多的咖啡因摄入会导致神经系统兴奋，引发焦虑和失眠。还要避免滥用乙醇，虽然乙醇在短期内可以放松心情，但长期滥用会导致情绪不稳定，甚至引发抑郁症状。

同时，要每天按时吃饭，不要暴饮暴食和过度节食，建议采用蒸、煮、炖等健康的烹饪方式，尽量避免油炸和烧烤等不健康的烹饪方式。

让我们吃出一份好心情吧！

小空间，大改变：创造舒适的环境

当你走进家门，发现家里乱糟糟的，你是感到开心，还是感到烦躁？

如果你的家里充满了杂物，那么，这些视觉和心理上的杂乱就会成为你情绪的负担，因为它们提醒着你还有很多事情未做，还有很多责任未履行。而当你结束了漫长的一天，回到家中，迎接你的是一尘不染的地板、整齐的书架和温馨的灯光，相信你会产生十足的安全感和归属感。

如果你的办公桌上堆满了杂乱的文件、散落的文具，甚至还有昨天的咖啡杯，是不是感觉心情也变得有些沉重？而如果你的办公桌上干净整洁，文件整齐地堆放在一角，水杯和笔记本放在顺手的位置，是不是感觉心情也跟着明朗起来？

科学研究表明，居住环境与情绪之间存在着密切的联系。一个杂乱无章、光线昏暗的房间容易让人感到压抑和疲惫；而一个干净整洁、光线充足的房间则能够让人感到放松和愉悦。

案例分析

小赵是一名年轻的职场新人，刚刚搬进了一间不到二十平方米的小公寓。公寓布局非常紧凑，几乎没有任何多余的空间。由于房间面积有限，他只能将物品随意堆放，导致整个房间看起来非常杂乱。公寓只有一个小小的窗户，自然光线非常有限。白天，房间仍然需要开灯才能看清，夜晚更是昏暗一片，而墙上的海报和贴纸也显得杂乱无序，给人一种沉闷的感觉。并且，由于房间通风不良，空气流通不畅，室内的气味总是不太好，有时候，即使开窗透气，也无法完全消除异味。

因此，每当小赵下班回到这个狭小的空间时，总是感到心情沉重，无法放松，夜里也睡不好，导致第二天上班特别没有精神，常常无法集中注意力。

小赵十分苦恼，不知道自己是怎么了，也不知道该如何改善现状。

从小赵的案例中，我们可以看到他的居住环境十分恶劣，任何人住在这样的地方，都会像小赵一样，慢慢地被消磨掉精气神儿。

但是，小空间并不意味着生活的局限，通过巧妙的设计与布局，我们完全可以在有限的空间内创造出无限的可能，可以尝试以下这些方法来改善我们的居住环境：

首先，要学会断舍离。定期清理家中不再使用的物品，保持空间的清爽，然后合理规划空间，将不同功能的区域分开，如工作区、休息区、娱乐区等。通过分区收纳，可以让每件物品都有固定的摆放位置，避免杂乱无章。最好每周都要安排时间进行大扫除，保持家居环境的整洁。

其次，合理划分私密区域，如设置隔音窗帘，使用屏风或隔断，可以保护居住者的隐私，增强安全感。并尽可能引入自然光，使用透光性好的窗帘或百叶窗，让空间明亮开阔。在色彩搭配上，以浅色调为主，如白色、米色或淡灰色，这些颜色可以反射光线，使空间看起来更大更明亮。同时，适当点缀鲜艳色彩或图案，可以增添生活情趣，避免单调。

再次，尽量选择尺寸适中、设计精巧的家具，如可折叠的餐桌、带储物功能的沙发床、壁挂式折叠桌等。这些家具不仅节省空间，还能根据需求灵活变换，满足不同的生活场景。

利用好家里的墙面和角角落落，安装壁挂式储物单元、挂钩或磁性条，可以存放钥匙、帽子、包包等日常小物，既方便取用又节省空间。此外，利用角落设置小型工作台、阅读角或置物架，既能充分利用空间，又能增添生活情趣。

最后，要定期开窗通风，保持室内的空气流通，并根据个人喜好布置房间，摆放自己喜欢的照片、画作或收藏品，但要保持装饰品的简洁与适度，避免过度堆砌。

工作日一共二十四个小时，有大约一半时间在家里度过，另一半时间则是在公司度过。因此，改善完居住环境后，也需要将自己小小的办公空间进行一次升级改造。

（1）办公桌上只保留当前工作必需的物品，使用文件夹、笔筒等工具来收纳文件和办公用品，并将其放在固定的位置，便于快速取用。

（2）调整椅子的高度，确保脚可以平放在地面，膝盖呈90度角。定期站起来伸展，避免长时间保持同一姿势。

（3）如果笔记本电脑的键盘和触摸板使用起来不舒服，建议使用外接键盘和鼠标。为了保持桌面的整洁，减少杂乱电线的干扰，最好使用无线设备。

舒适的生活和工作环境会让我们精神焕发。现在，请动动你的小手，为自己创造一个温馨的小窝吧，千万不要犯懒哟！

技术与情绪：用应用程序管理情绪

随着科技的发展，特别是移动互联网和人工智能的普及，越来越多的情绪管理应用程序（Apps）应运而生。情绪管理应用程序通常通过让用户记录每日情绪状态、生活习惯，以及可能影响情绪的事件，来帮助用户识别情绪模式和触发因素。

这些应用程序利用数据追踪和分析功能，为用户提供关于情绪变化的洞察提醒，从而帮助他们更好地管理情绪。例如，Moodistory 应用程序就是一个情绪追踪器，它允许用户通过滑动屏幕来设置心情，并从活动列表中选择一天中的活动，从而快速创建日志记录。而且，许多情绪管理应用程序设有社区功能，用户可以在这里与其他用户分享情绪体验、调节心得和成功案例，这有助于用户建立情感连接，获得支持和鼓励。

情绪管理应用程序主要有以下四点优势：

1. 便捷性

用户可以随时随地记录情绪和活动，不受时间和地点的限制。

2. 隐私性

大多数应用程序提供隐私保护功能，如密码锁，确保用户的数据安全。

3. 个性化

应用程序通常允许用户自定义情绪类别和活动列表，以适应个人需求。

4. 数据可视化

通过图表和图形展示情绪数据，使用户更容易理解和分析自己的情绪模式。

案例分析

陈飞和李想同在一家跨国公司中做项目经理，陈飞很少与团队成员沟通，工作任务常常滞后，因此他总是显得焦头烂额。慢慢地，他的情绪波动越来越大。

相比之下，李想也有着同样的压力，但他却总能保持冷静和专注。因为他使用情绪管理应用程序来追踪自己的情绪和压力点。每天，他都会花几分钟记录自己的心情，并在应用程序的建议下进行短暂的冥想或呼吸练习。这个习惯能帮助他及时调整情绪，保持积极的工作态度。他的团队成员也感受到了这种正面影响，团队合作更加默契，项目进度也更加顺利。

一次，公司遇到了一个紧急项目，需要两位项目经理同时加班处理。陈飞在压力下变得易怒和焦虑，导致团队成员士气低落，项目差点延期。而李想则通过情绪追踪应用程序及时意识到自己的压力水平，并采取措施进行调整，他带领团队冷静应对挑战，最终按时完成了任务。

由这个案例可以看到，应用程序在情绪管理中起着重要的辅助作用。那么，我们应该怎样利用应用程序来管理我们的情绪呢？

下面为你提供几种方法，不妨做个简单的尝试：

1. 选择合适的应用程序

在下载应用程序之前，先了解其主要功能，包括情绪记录、分析、建议、提醒等。确保应用程序能够满足你的具体需求。

然后，查看其他用户的评价和反馈，了解应用程序的实用性和效果，优先选择评分高、用户满意度高的应用程序。

同时，查看应用程序的隐私政策，了解其数据处理和存储方式，确保应用程序有严格的隐私保护措施，不会泄露你的个人信息。

2. 设定情绪管理目标

在使用应用程序之前，先设定明确的情绪管理目标，比如减少焦虑、提高情绪稳定性等。根据目标，制定具体的行动计划，包括每天记录情绪。

3. 记录与分析情绪

有些应用程序提供情绪日志功能，你可以在这里详细描述每天的情绪变化，包括情绪类型、强度、持续时间，并记录触发因素、应对策略等。

记录完毕后，要定期查看应用程序生成的情绪分析报告，了解自己的情绪模式和趋势。应用程序会根据分析报告，提供诸如冥想、呼吸练习、正念练习等个性化的情绪调节建议，我们可以根据这些建议，定期练习，并且在执行建议后，及时记录反馈，了解哪些方法有效，哪些需要调整。

在使用应用程序的过程中，保持开放和积极的心态。尝试不同的方法和策略，找到最适合自己的情绪管理方式。情绪管理应用程序虽然提供了很多有用的工具和建议，但它们并不能完全替代专业心理咨询，因此，如果你遇到严重的情绪问题，请寻求专业帮助。

此外，要定期回顾自己的情绪管理进展，包括情绪稳定性、工作效率、人际关系等方面的改善，然后再根据进展，适时调整情绪管理目标。

情绪管理是一个长期过程，需要持续的努力和耐心，不要期望一蹴而就，而是要逐步改善。

和大自然对话：自然疗法的情绪魔法

自然疗法，也被称为生态疗法或绿色疗法，其核心思想在于"回归自然"，通过与自然的互动来减轻压力、提升情绪，并促进整体的幸福感。

研究表明，自然环境对人类的心理和生理健康有着积极的影响。当我们身处大自然中时，无论是山川湖海、森林草原，还是花园小径、公园绿地，都能降低血压、减少压力激素水平、提升心情和增强免疫力。

日本著名的"森林浴"（Shinrin-yoku）活动，便是强调通过沉浸于森林环境来促进身心健康。

自然疗法强调以下几点：

1. 自然的治愈力量

大自然本身具有一种治愈的力量，能够平复我们的情绪，减轻压力。当我们身处自然环境中时，无论是视觉上的美景，还是听觉上的风声、鸟鸣，都能让我们感受到内心的平静。

2. 身心平衡

自然疗法认为，人的身心健康是相互关联的。当我们的身体得到放松时，心理也会相应地得到舒缓。反之亦然，当我们心情愉悦时，身体状况也会得到改善。

3. 主动参与

自然疗法鼓励我们主动参与到自然环境中，通过散步、徒步、骑行、游泳等方式与大自然亲密接触，从而获得更多的情绪提升。

案例分析

艾米是一位在知名律师事务所工作的律师，长时间的工作、紧张的案件准备和不断的客户咨询让她经常感到焦虑和疲惫。她的睡眠质量下降，甚至在工作中也难以集中注意力。一次偶然的聚会中，艾米向朋友倾诉了自己的困境。朋友建议她尝试自然疗法，特别是到户外散步，以此来缓解压力。

艾米开始在午休时间到事务所附近的小公园散步。公园里有一条蜿蜒的小径，两旁种满了橡树和枫树，还有一个小池塘，鸭子在水中游弋。起初，她只是快速地走一圈，试图在有限的时间内完成锻炼。但渐渐地，她开始放慢脚步，注意到了周围的细节：一棵小树新长出了嫩叶，花坛里有盛开的花朵，鸟儿愉快的歌声。

几周后，艾米发现自己的心情变好了，她感到非常放松，晚上的睡眠质量也提高了。在工作中，她也变得更专注了，案件的准备也变得更加高效。

尽管自然疗法有许多好处，但并非所有人都能轻易接触到自然环境。艾米则是利用了公园绿地来实现自然疗法。

而且，自然疗法在实践中有多种应用方式，以下为一些常见的方法：

1. 徒步旅行

在徒步过程中，我们可以欣赏沿途的美景，呼吸新鲜的空气，感受大自然的韵律。同时，徒步还能消耗体力，释放压力，让我们在疲惫中感受到一种成就感和满足感。

例如，我们可以选择一条风景优美的徒步路线，如山林小径、海滨步道或城市公园。在徒步过程中，我们可以放慢脚步，仔细观察周围的景色，聆听大自然的声音，感受自己的心跳和呼吸。

2. 园艺疗法

园艺活动包括种植花草、修剪枝叶、浇水施肥等。这些活动能够让我们感受到大自然的生命力和创造力，从而激发内心的积极情绪。

在园艺疗法中，我们可以选择在自己家的阳台或花园里种植一些花草植物。通过每天的照料和观察，我们能够看到植物的成长和变化，这种成就感能够让我们感到满足和快乐。同时，园艺活动还能让我们接触到土壤和植物，这种自然的触感能够让我们感到放松和舒适。

3. 自然音乐疗法

自然音乐包括风声、水声、鸟鸣等自然界的声音，这些声音能够让我们感受到大自然的宁静和美丽。

我们可以选择一些自然音乐的音频或视频，在安静的环境中聆听。随着音乐的播放，我们可以感受到自己逐渐放松下来，内心的压力和负面情绪也逐渐消散。

4. 亲近动物

动物具有一种天然的治愈力量，它们能够让我们感受到温暖和陪伴。与动物互动时，我们能够释放内心的压力，感受到一种被接纳和爱护的感觉。

我们可以选择去动物园、宠物园，或领养一只宠物来与动物互动。在与动物相处的过程中，我们可以观察它们的行为和表情，感受它们的情绪和需求。这种互动能够让我们更加关注他人的感受，从而培养自己的同情心和爱心。

虽然自然疗法具有显著的疗效，但在实践过程中也需要注意以下几点：

首先是安全第一：在参与自然疗法时，我们需要确保自己的安全。例如，在徒步旅行中要注意路况和天气变化；在园艺活动中要注意使用工具的安全；在与动物互动时要注意保持适当的距离等。

其次是适度原则：自然疗法虽然有益，但也需要适度。过度参与可能会导致身体疲劳或心理依赖。因此，我们需要根据自己的身体状况和心理需求来合理安排自然疗法的频率和时间。

最后是个性化选择：因为每个人的身体状况和心理需求都是不同的，所以自然疗法的效果也会因人而异。我们需要根据自己的实际情况来选择适合自己的自然疗法方式，并在实践过程中不断调整和优化。

第七章
未来的情绪：
持续成长与探索

设定情绪目标：规划你的情绪之旅

我们常说人生是一场旅行，而情绪则时刻伴随我们左右。人生之旅就是情绪之旅，如何规划好这场旅行，对于提升我们的生活质量至关重要。

当我们认清情绪的本质之后，就要去给自己设定情绪目标。比如，短期目标可以是"每天至少保持三十分钟的平静和放松"，长期目标可以是"建立稳定的积极情绪状态，减少焦虑和压力"。

设定情绪目标我们可以这样做：

1. 识别当前情绪状态

反思并记录自己近期的情绪变化，包括积极情绪和消极情绪。

识别情绪触发点，即哪些情境或事件容易引起你的情绪波动。

2. 情绪记录与监控

建立一个情绪日记，记录每天的情绪变化、触发点和应对方式。

定期回顾情绪日记，分析情绪变化的规律和趋势。

3. 情绪调节技巧

学习并实践适合自己的情绪调节技巧，如深呼吸、冥想、正念练习、情绪释放等。

根据情绪触发点，制定具体的应对策略，如遇到工作压力时，采取深呼吸和放松练习来缓解紧张情绪。

案例分析

李明是一位普通的上班族，每天面对着繁忙的工作和复杂的人际关系，情绪时常起伏不定。有时他会因为一次小小的挫折而陷入深深的沮丧，有时又会因为过度兴奋而难以入眠。这种不稳定的情绪状态不仅影响了他的工作效率，也让他与同事和家人的关系变得紧张。

在一次偶然的机会中，李明参加了一次情绪管理的讲座。讲座中，讲师分享了关于情绪认知、调节和积极心态培养的知识，让李明深受启发。他意识到，情绪并非无法控制的野兽，而是可以通过科学的方法进行管理的。于是，他决定开始一场情绪转变之旅，为自己设定了一系列情绪目标。

经过一系列的目标设定和计划实施，李明的改变非常明显，无论是在工作中还是生活中，他的家人、朋友、同事都觉得李明就像换了一个人一样。他变得不再容易急躁了，变得更加善解人意了，变得工作态度更认真，工作效率也更高了，以前从来不参加体育锻炼的李明甚至为自己制定了健身计划，并坚持实施了。

大家都说他的眼里有光了。

案例中的李明通过给自己设定情绪目标的方法，成功实现了以下几方面的改变，这些改变也恰恰说明了设定情绪目标方法的意义所在。

1. 中期情绪目标设定

建立积极心态：在接下来的三个月内，每天记录一件让自己感到感激的事情，以培养感恩的心态。同时，每周至少进行一次自我反思，思考自己在面对困难时的反应，并寻找积极的解决策略。

培养自我关怀习惯：自我关怀是情绪稳定的重要基石。因此，每天要为自己留出至少一个小时的时间进行放松和愉悦的活动。这些活动包括阅读、听音乐、散步，以及偶尔的短途旅行。此外，学习一些放松技巧，如深呼吸和冥想，以在紧张或焦虑时迅速恢复平静。

2. 建立积极心态

感恩日记：每天记录一件让自己感到感激的事情。这起初是有些困难的，但很快你就会发现生活中处处充满了值得感激的瞬间。从同事的一个微笑到家人的一句问候，这些小事都让你感到温暖和幸福。

自我反思：每周都抽出时间进行自我反思。思考自己在面对挑战时的反应，以及是否有更好的应对策略。通过这种方式，逐渐学会从困难中寻找成长的机会，而不是一味地逃避或抱怨。

放松活动：每天为自己留出至少一个小时的时间进行放松和愉悦的活动。这些活动不仅会让你感到轻松和愉悦，还提高了工作效率和创造力。有时，独自一人在公园里散步，享受大自然的宁静；有时，邀请朋友一起听音乐或看电影，分享彼此的快乐。

学习放松技巧：学习深呼吸和冥想等放松技巧。这些技巧让人在紧张或焦虑时能够迅速恢复平静。通过深呼吸和冥想，可以更加清晰地思考，并找到解决问题的最佳方法。

这么做将会让一个人：

第七章　未来的情绪：持续成长与探索

1. 情绪更加稳定

设定情绪目标后，李明开始有意识地调整自己的情绪状态。他学会了在面对压力和困难时，保持冷静和理性，不再像以前那样轻易地被情绪所左右。他学会了通过深呼吸、冥想等技巧来平复自己的情绪，让自己的内心更加平静和安宁。

2. 工作效率提升

随着情绪的稳定，李明的工作效率也得到了显著的提升。他能够更加专注地投入工作中，不再因为情绪的波动而分心。他能够更快地理解问题、解决问题，并且能够保持长时间的专注力，从而提高了工作效率和质量。

3. 人际关系更加和谐

情绪的稳定不仅让李明在工作中表现出色，还让他的人际关系变得更加和谐。他学会了更好地控制自己的情绪，不再因为一些小事而发脾气或与人争吵。他能够更加理解和包容他人，更加积极地与他人沟通和交流，从而建立了更加良好的人际关系。

4. 生活更加充实和有意义

设定情绪目标后，李明开始更加注重自己的内心需求和感受。他学会了为自己设定一些愉悦和放松的目标，如每天阅读一本好书、听一首喜欢的音乐、进行一次冥想等。这些活动不仅让他的生活更加丰富多彩，还让他感受到了内心的满足和幸福。他开始更加珍惜每一个瞬间，更加感恩生活中的点滴美好。

面对新挑战：情绪的成长与蜕变

从我们出生那一刻开始，挑战便无处不在，我们的情绪也会随着不断出现的挑战而改变。下面，我们从生理和心理两方面来阐述这个话题。

生理和心理的改变是相辅相成的，没有一方可以单独成长或者退化。

1. 儿童期：基础情绪模式的建立

情绪表达的初步学习：在儿童早期，孩子开始通过模仿和互动学习如何表达情绪。身体的快速成长，如学会爬行、站立和行走，增强了他们探索世界的能力，同时也伴随着对未知的好奇和恐惧，这些经历为他们的情绪表达提供了丰富的素材。

安全感的建立：儿童期身体发育的稳定性和健康状态对其安全感的培养至关重要。一个健康的身体让孩子感到被照顾和安全，这有助于形成稳定、积极的情绪基调。

社交技能的发展：随着身体的成长，孩子开始参与更多的社交活动，这促进了他们情绪识别和共情能力的发展。他们学会识别他人的情绪，并尝试以适当的方式做出回应，从而加强了社交联系和情绪调节能力。

2. 青春期：情绪波动的加剧

激素变化的影响：青春期是身体发育的关键时期，伴随着性激素的大量分泌，这不仅导致了身体形态的快速变化，也引发了情绪的剧烈波动。青少年可能会经历更多的焦虑、抑郁、易怒等情绪，这些情绪变化常常与自我认同的探索，同伴关系的建立，以及对未来不确定性的担忧有关。

自我意识的觉醒：随着身体的成熟，青少年开始更加关注自我，他们会对自我形象、能力和价值观进行深刻的反思。这一过程往往伴随着情绪波动，因为他们试图在自我认同和他人期望之间找到平衡。

情绪调节能力的提升：虽然青春期是情绪波动的高峰期，但这也是学习有效情绪调节技巧的关键时期。青少年开始尝试通过沟通、冥想、艺术创作等方式来管理和表达自己的情绪，这些技能对他们未来的情绪健康和人际关系至关重要。

3. 成年期：情绪的稳定与深化

情绪管理的成熟：进入成年期后，随着身体发育的完成和社会角色的稳定，个体通常能够更好地管理自己的情绪。他们学会了在压力和挑战面前保持冷静，通过积极的应对策略来维护情绪的稳定。

情感深度的增加：成年人的情绪体验往往更加复杂和深刻。他们能够更加细腻地感受和理解他人的情绪，建立更深层次的情感联系。同时，对生命意义、人际关系和个人价值的深入思考也丰富了他们的情感世界。

情绪与健康的关联：成年期，身体健康状况对情绪的影响变得更加明显。慢性疾病、压力累积或不良生活习惯都可能导致情绪波动或抑郁。因此，保持身体健康成为维护情绪稳定的重要因素。

案例分析

　　林晓一直是个开朗的孩子，但进入青春期后，他发现自己变得越来越难以控制情绪。有时，他会因为一件小事而突然暴怒，有时又会陷入深深的悲伤之中，无法自拔。这种情绪的剧烈变化让他感到困惑和害怕，也让他与家人和朋友的关系变得紧张。

　　随着激素水平的飙升，林晓的情绪波动变得更加频繁和剧烈。他开始对自我形象产生强烈的焦虑，时常在镜子前审视自己的身材和面容，担心自己不够帅气或不符合主流审美。同时，他对未来也充满了不确定和恐惧，担心自己的学业、人际关系以及未来的职业选择。

　　在情绪波动的背后，林晓也在进行着自我认同的探索。他开始对自己的兴趣、价值观和生活方式进行深入思考，试图找到属于自己的独特定位。这个过程中，他经历了许多内心的挣扎和冲突，有时甚至会感到孤独和无助。

　　面对情绪的剧烈波动，林晓开始尝试寻找有效的情绪调节方式。他通过阅读心理学书籍，参加学校的心理健康讲座，以及与心理咨询师交流，逐渐学会了如何识别和表达自己的情绪，以及如何通过深呼吸、冥想和积极的心理暗示来平复内心的波澜。

经过一段时间的努力，林晓的情绪状态逐渐稳定下来。他学会了更加理性地看待自己的情绪变化，也学会了如何与他人建立健康、积极的情感联系。更重要的是，他在这个过程中找到了自己的兴趣和价值观，对自己的未来有了更加清晰和坚定的规划。

林晓的故事是青春期情绪成长的典型代表。在这个充满挑战和机遇的时期，他经历了从困惑到理解、从挣扎到成长的过程。通过不断的学习和实践，他最终学会了如何有效地管理自己的情绪，为自己的未来奠定了坚实的基础。

儿童期和青春期面临着启蒙、交友、学习、考试等挑战，成年期面临着婚姻、工作、家庭等挑战。早起的好心情可能随时被工作破坏，而久攻不下的难题带来的困扰也可能随时被突如其来的灵感取代。锻炼自己的情感适应力，铸就稳定的情绪，做到波澜不惊、宠辱不动，我们才能自在地应对各种挑战。

🎈保持学习：持续探索情绪管理的新方法

情绪具有高度的复杂性和多样性。它们不仅受到遗传、环境、文化背景等多种因素的影响，还随着个体的成长经历、心理状态的变化而波动。因此,情绪管理并非一蹴而就的过程,而是一个需要不断学习、实践和反思的动态系统,保持学习对情绪管理的重要性不言而喻。

1. 深化自我认知

保持学习首先意味着深化对自我的认知。通过心理学课程、情绪管理书籍等途径,我们可以更深入地了解自己的性格特征、情绪触发点、应对机制等。这种自我认知的提升有助于我们更准确地识别情绪,及时采取措施进行调节,避免情绪失控带来的负面影响。

2. 增强适应性

生活中的挑战和变化是不可避免的,而保持学习能够帮助我们更好地适应这些变化。学习如何管理情绪,意味着我们能够在面对压力、挫折时保持冷静和乐观,积极寻找解决问题的方法,而不是被情绪所左右。这种适应性是我们在复杂多变的世界中保持竞争力的重要基础。

3. 促进心理健康

长期的情绪管理不当可能导致焦虑、抑郁等心理健康问题。而保持学习,掌握有效的情绪管理技巧,可以显著降低这些风险。通过学习如何放松、如何调整心态,我们可以更好地维护自己的心理健康,享受更加充实和满意的生活。

案例分析

张先生在繁忙的工作节奏和高强度的竞争压力下，发现自己的情绪逐渐变得异常脆弱。面对这样的生活状态，他决定采取行动，通过学习情绪管理，找回内心的平静与和谐。

他在网上浏览时，被一篇关于情绪管理的文章所吸引。文章深入剖析了现代人面临的情绪问题，以及如何通过科学的方法进行有效管理。阅读这篇文章时，张先生感到一阵强烈的共鸣，仿佛找到了自己情绪问题的根源。

然而，当张先生开始寻找相关的学习资源时，他感到有些迷茫。但张先生并没有放弃，他继续寻找适合自己的学习资源。在学习过程中，张先生遇到了不少挑战。他尝试进行冥想和深呼吸练习，但一开始总是难以集中注意力，经常走神。这让他感到有些挫败，但他并没有放弃。他告诉自己：情绪管理是一个长期的过程，需要耐心和坚持。于是，他继续练习，逐渐找到了适合自己的节奏和方法。

同时，张先生也学习了认知重构的方法。他意识到，自己的情绪问题往往源于对事物的过度解读和负面评价。他通过调整自己的思维方式，用更积极、理性的角度看待问题，逐渐减少了负面情绪的产生。

通过分析张先生的案例，我们可以得到以下启示：

情绪管理并非仅凭直觉或经验，而是需要科学的方法和策略。保持学习，我们可以接触到最新的心理学研究成果，学习到经过验证有效的情绪调节技巧，如深呼吸、冥想、正念练习、认知重构等。这些方法不仅能够帮助我们在面对负面情绪时保持冷静，还能提升我们的情绪恢复能力，使我们更加坚韧不拔。

同时，保持学习还意味着我们会不断拓宽视野，接触到不同的文化和观念。这种多元性的体验有助于我们更加包容和理解他人，减少冲突和误解，建立更加和谐的人际关系。

在实践情绪管理的过程中，我们可能会遇到各种挑战，如缺乏耐心、难以坚持、方法不适用等。然而，正是这些挑战促使我们不断反思、调整策略，从而找到最适合自己的情绪管理方法。每一次的成功实践都是对我们学习成果的验证，也是对我们自我成长的一次肯定。保持学习，不断探索适合自己的新方法去改善情绪，最重要的两点是：反思和总结。

1. 反思

定期反思是提升情绪管理能力的关键。在每次学习或实践后，花点时间回顾自己的经历，思考哪些方法有效，哪些没有达到预期效果。这种自我对话有助于你更深入地理解自己的情绪反应模式，识别出触发特定情绪的因素，以及这些情绪是如何影响你的思维和行为的。

反思时，不妨问自己几个问题：我在面对压力时通常的反应是什么？我使用的情绪调节策略是否有效？有没有哪些新方法或技巧我愿意尝试但还没有付诸实践？通过这些问题，你可以更清晰地看到自己的成长轨迹，同时发现需要改进的地方。

2. 总结

总结成功经验与教训是深化学习的又一重要步骤。将那些在实践中证明有效的情绪管理方法记录下来，形成自己的情绪管理"宝典"。这些方法可能包括特定的放松技巧、自我激励的话语、与他人的有效沟通策略等。每当遇到类似情境时，你可以迅速从"宝典"中调取这些方法，帮助自己快速恢复情绪平衡。

同时，也要诚实地面对那些未能成功管理情绪的时刻。分析这些失败的原因，是方法不适用、执行力度不够，还是情绪太过强烈以至于难以控制？这些教训同样宝贵，它们能帮你识别出情绪管理的"盲区"，为未来的学习提供方向。

🎙 与自己和解：接受自己的变化

情绪不好的时候，与自己过不去的状态是一种内心深处的挣扎与自我消耗，它表现为一种无法释怀的负面情绪循环，让人陷入自我责备、消极思考和无尽的焦虑之中。这种状态不仅影响个人的心理健康，还可能波及日常生活、工作以及人际关系，形成恶性循环。以下是这种状态的一些具体表现和分析：

1. 自我责备与内疚

当情绪低落时，人们往往容易过度反思自己的行为，将一切不如意归咎于自己，即便这些不如意并非完全由自己造成。

这种自我责备会导致内疚感加深，觉得自己不够好、不值得被爱或尊重，进一步加重心理负担。

2. 消极思维模式

处于这种状态时，个体倾向于用消极的眼光看待一切，即使是中性的或积极的事件，也可能被解读为负面信息。

这种消极思维会限制个人的视野，让人难以看到问题的另一面，也阻碍了寻找解决方案的可能性。

3. 情绪调节困难

与自己过不去的状态使得情绪调节变得尤为困难。人们可能更容易陷入悲伤、愤怒或焦虑的情绪中，难以自拔。

长期的情绪压抑还可能导致身体疾病，如头痛、失眠、消化问题等。

4. 自我孤立

为了避免他人的评判或减轻内心的痛苦，个体可能会选择自我孤立，减少与他人的交流和互动。这种孤立行为会进一步加剧孤独感和无助感，使得情绪问题更加难以解决。

5. 影响日常生活

与自己过不去的状态会显著影响个人的日常生活和工作效率。人们可能变得缺乏动力、注意力不集中，甚至丧失对日常活动的兴趣。

这种状态还可能引发一系列不良行为，如暴饮暴食、过度饮酒或滥用药物等，以试图缓解内心的痛苦。

案例分析

李女士是一位在职场上表现出色的市场营销经理，但近期由于工作压力和个人生活琐事的累积，她发现自己的情绪陷入了低谷。每天醒来，她都会因为前一天未完成的任务或发生的小插曲而感到焦虑不安，与自己过不去，仿佛被一层无形的阴霾笼罩。

李女士开始频繁地自我责备，认为自己不够优秀，无法平衡工作和生活。她变得易怒，对同事和家人的态度也变得冷淡。每当夜深人静时，她会反复思考白天的事情，觉得自己每一个决定都是错误的，这种自我消耗让她感到前所未有的疲惫。

一次偶然的机会，李女士参加了一个心理健康讲座，讲座中，讲师提到了"与自己和解"的概念，让她深受启发。她意识到，自己一直在用完美的标准来要求自己，却忽视了人性的复杂性和生活的不可预测性。这让她开始反思，是否应该换一种方式来看待自己的情绪和经历。

李女士开始尝试接纳自己的不完美，不再因为一次小失误或未完成的目标而全盘否定自己。她告诉自己：每个人都有情绪起伏的时候，这是正常的。她养成了每天记录情绪日记的习惯，将当天的感受、想法和经历写下来。这不仅帮助她更好地了解了自己的情绪变化，还让她学会了如何从旁观者的角度审视自己的问题。

显然，案例中的李女士成功地与自己和解了，她不再因为过去的错误而自责不已，而是学会了从中吸取教训，更加积极地面对未来。她变得更加自信，与同事和家人的关系也得到了修复。

这次经历让李女士深刻体会到，与自己和解并不意味着放弃追求进步，而是学会在追求完美的道路上给自己更多的宽容和理解。她意识到，真正的成长是学会在失败中找到力量，在挫折中看到希望。

通过李女士的案例，我们可以看到，与自己和解是一种积极的生活态度，它能帮助我们更好地管理情绪，减少自我消耗，从而在人生的道路上走得更远、更稳。

正视负面情绪，与自己和解首先需要自我接纳与宽容：学会接受自己的不完美和失败，不要过分苛责自己。认识到每个人都有犯错误和经历困难的时候，这是成长的一部分。

其次是正念冥想：通过参加正念冥想课程，李女士学会了如何在情绪来临时保持冷静，不被情绪牵着走。她学会了观察自己的情绪，而不是立即做出反应，这让她在面对压力时更加从容。

再次是寻求支持：与家人、朋友或专业人士分享自己的感受和困扰。他们的理解和支持可以帮助你减轻心理负担，找到解决问题的途径。

最后还要保持健康生活方式：保持规律的作息、均衡的饮食和适度的运动。这些健康习惯有助于改善情绪状态，增强心理韧性。

我们常说的"别和自己过不去"，就是与自己和解。他人的误解、工作的失误、失恋失意等生活中诸多不顺都会在我们心里产生一道道坎儿，自己心里的坎儿是坏情绪的保护伞，也是最难逾越的，选择逃避或者自我封闭会导致坏情绪野蛮生长。相反，打破这道坎，让坏情绪自然消失，我们才能以正确理智的态度去生活。

传递情绪智慧：分享你的经验与故事

在诸多情绪管理的方法中，寻求支持是最能让人快速摆脱坏情绪的方法。寻求家人、朋友、专业人士等支持的第一步，就是分享。而在情绪管理流程中，分享并不局限于寻求支持的时候使用，它还可以反过来用，即向需要支持的人主动地分享我们的经验或者故事来帮助其摆脱坏情绪。

首先，分享经验和故事能够激发情绪共鸣，帮助我们与他人建立深层次的连接。当我们坦诚地分享自己的经历，无论是成功还是失败，快乐还是痛苦，都能让他人感受到我们的真实与脆弱。这种共鸣不仅让我们感到被理解，也让他人有机会从我们的故事中看到自己的影子，从而拉近彼此的距离。在情绪管理上，这种连接的力量是巨大的。当对方感到孤独、无助时，一个理解的眼神，一句鼓励的话语，都可能成为对方走出困境的重要动力。

其次，分享经验和故事是一种有效的情绪释放方式。很多时候，我们之所以被情绪困扰，是因为我们选择了压抑或逃避。然而，情绪并不会因为我们的忽视而消失，它们会在我们的内心深处积累，形成沉重的心理负担。通过分享，我们可以将内心的情绪表达出来，就像打开了一扇窗户，让新鲜的空气和阳光照进来，让心灵得到净化。这种释放不仅让我们感到轻松，也让我们可以更加清晰地认识自己的情感需求，从而找到更有效的应对策略。

最后，分享经验和故事是情绪学习的重要途径。每个人的经历都是独一无二的，这些经历中蕴含着丰富的情绪智慧。当我们分享自己的故事时，不仅是在回顾过去，更是在反思和提炼。我们可能会发现，某些情绪反应是源于过去的创伤或恐惧，而某些应对策略则是在无数次尝试中逐渐形成的。通过分享，我们可以从他人的故事中汲取灵感，学习如何更好地处理自己的情绪。同时，我们的故事也可能成为他人学习的榜样，帮助他们在面对类似情境时更加从容。

案例分析

阿杰因为工作上的一次重大失误，被上司严厉批评，并面临着职业生涯可能陷入停滞的困境。这次打击让一向自信满满的阿杰变得沉默寡言，情绪极度低落，甚至开始怀疑自己的能力和价值。

小林注意到阿杰的变化，几次尝试交谈，但阿杰总是避而不谈，或是简单地以"没事"回应。小林深知，这种表面的平静下隐藏着巨大的情绪风暴。他意识到，如果不及时干预，阿杰可能会陷入更深的情绪困境，甚至影响到他的生活和健康。

于是，小林决定用自己的经历来打开阿杰的心扉。在一个周末的午后，两人相约在一家安静的咖啡馆。小林缓缓开口，分享了自己几年前在职场上的一次类似经历。当时，小林也因为一个项目失误而备受打击，甚至一度想要放弃。但他最终选择了面对，通过不断学习和努力，不仅弥补了错误，还因此获得了更宝贵的成长经验。

　　小林的分享触动了阿杰内心深处的情感共鸣。他意识到，自己并不是一个人在战斗，身边还有像小林这样愿意倾听、愿意分享的朋友。阿杰开始反思自己的态度，意识到过度的自责和逃避并不能解决问题，反而会让自己陷入更深的困境。

　　在案例中，小林分享了自己的经历，让阿杰产生了强烈的情感共鸣，并意识到了自己的缺陷，进而采取了正确措施得以改正。失败并不可怕，可怕的是失去面对失败的勇气。每个人的职业生涯都会经历起伏，关键在于如何从中吸取教训，让自己变得更加强大。

　　我们常说"当局者迷"，在坏情绪的包围中，作为情绪主体的人会越陷越深，无法自拔，这就需要我们把坏情绪的缘由分享出来。愿意倾听的人必然也是关心我们、愿意帮助我们的人，旁观者的分析往往更加地理智，更有助于我们走出坏情绪的阴霾。

　　而分享的过程往往是相互的，在替别人排忧解难的同时，自己也会对对方的坏情绪引以为戒。所以，情绪分享是双赢甚至多赢的，现实中，有很多自发形成的互助团体，他们会毫无保留地分享出内心深处的困扰，大家一起排解，一起面对分析，最后每一个人都会释然。

　　通过分享传递正确的情绪。在分享的过程中，我们往往会不自觉地回顾自己的成长历程，看到自己在面对困难时的坚韧与勇气。这种自我肯定能够增强我们的自信心，让我们更加相信自己的能力和价值。同时，通过倾听他人的故事，我们也会发现，每个人都在经历着不同的挑战，但都在努力前行。这种共鸣和激励能够激发我们的同理心，让我们能更加宽容和理解他人，从而培养出更加积极、健康的心态。

分享的方式有很多，在日常生活中，我们可以通过多种方式分享自己的经验和故事。比如，与家人和朋友进行深入的交流，分享彼此的喜怒哀乐；参加社交活动或兴趣小组，与志同道合的人分享共同的兴趣和经历；在社交媒体上发布状态或文章，让更多的人了解我们的想法和感受。此外，我们还可以尝试写作、绘画、音乐等创造性活动，将自己的故事和情感转化为艺术作品，以此作为情绪表达的另一种方式。